普通高等教育
艺术类"十二五"规划教材

U0734571

BASIC
ARCHITECTURAL
DESIGN

/ 黄信 喻欣 罗雪 主编

/ 赵侠 戴玥 张洋 副主编

/ 张凌 杨柳 李道源 参编

建筑设计初步

人民邮电出版社
北 京

前言
PREFACE

建筑设计初步是环境设计专业学生的一门必修课。建筑设计自古以来就有，近年来随着经济的不断发展，建筑业日新月异，建筑设计也随之蓬勃发展。例如，日常生活中常见的居住建筑、办公建筑、医疗建筑、交通建筑、金融建筑等都离不开建筑设计，可见，环境设计专业的学生学习与掌握建筑设计的相应理论知识是大有必要的。

为了顺应用人单位的需求，目前全国许多美术学院、综合性大专院校均开设了类似课程，但是关于建筑设计基础课程的教材却相对较少。

编者从事环境设计专业教学和实践近十年，作为一位该专业的高校教师，有责任和义务建立建筑设计初步课程的教学体系，尤其是在许多普通高等院校向应用技术型高校转型探索的今天，如何在专业课程教学中体现"应用与技术"理念，成为编者在撰写书稿时研究的问题。

新的建筑设计初步课程教学体系的建立，是对本课程的过去、现在和未来进行全方位研究的过程，是把建筑设计理念和应用通过课堂教学方式进行传播的最佳手段。系统、全面地认知、理解并掌握建筑设计的基本理论和设计方法，可为专业后续课程的开展奠定良好的基础。

一、建筑设计初步课程体系

任何课程的建立，都有其广泛的基础理论体系作为支撑。建筑设计初步是一项综合性的课程，具有边缘学科和应用学科等多重特质，从基础理论构成的角度分析，它涉及社会学、人文学、美学、科学、心理学、景观学、数学、造型艺术等学科领域。建筑设计的理论基础为各类学科之间互相渗透、相互影响的结果，形成了它自身的课程特色。

二、教学目的和人才培养目标

教学目的：通过建筑设计初步的理论讲解和课题训练，了解和掌握建筑的基本知识和设计小型建筑的方法，能够对小型建筑设计方案各个环节有一个系统性学习，将所学知识合理运用于实践，为后续的建筑空间设计课程打下一个良好的基础。

学生通过本教材的学习后能满足以下要求。

（一）知识要求：学会认识建筑，学会分析建筑设计的优缺点，初步掌握良好的建筑设计方法。

（二）素质、情感要求：建立三维形体的思维模式；并且能用图纸绘制出来；对生活中的小型建筑的形态、功能充满好奇心；分析身边小型建筑物的形体组合。

（三）能力要求：掌握建筑设计的基本理论，掌握小型建筑方案各个环节的设计方法。

三、教学内容和步骤安排

教师讲授和学生自学相结合，教师通过讲授建筑设计初步的理论常识，让学生学习中西方建筑简史和建筑设计的一般方法；学生通过建筑平面图、立面图设计，建筑结构与建筑模型制作，锻炼实际操作能力和分析实际生活中建筑设计案例的能力。

四、建筑设计初步课程教学内容与步骤安排表

周次	教学形式	教学内容	作业、要求
1	课堂教学	讲授建筑概述、中西方建筑发展简史、小型建筑方案设计方法解析	思考、提问、临摹
2	课堂教学	建筑平面图设计 建筑立面图设计	思考、练习
3	课堂教学辅导	建筑结构概述、建筑模型制作	思考、练习
4	课堂教学辅导	建筑概念设计与模型制作（初稿）	确定内容形式，绘制设计图纸，各种技法运用
5	课堂教学辅导	建筑概念设计与模型制作（完成稿）	作业评讲、拍照与存档

在本书的组稿过程中，武汉理工大学土木工程与建筑学院建筑系王晓教授和武汉赛悦建筑模型设计有限公司给予了大力的支持与帮助。同时，特别感谢北京师范大学珠海分校戴玥老师参与相关章节编写，感谢吴思慧和陈凯同学积极参与第三章中方案图纸的绘制。此外，部分学生作品由湖北工业大学工程技术学院艺术设计系曹喆、兰鹏、费雯、杨柳、潘磊等老师指导，在此一并表示感谢。

由于建筑设计初步是一门涵盖多学科领域的学科，加之编写仓促，编者水平有限，书中难免有错误和欠妥之处，敬请广大读者和相关专业人士批评指正。

编　者

2015 年 1 月

目录
CONTENTS

第一章

建筑概述

本章课程概述 本章主要引入建筑的内涵，从几个角度阐述建筑的定义，通过对建筑基本构成要素的学习和对建筑空间、建筑属性、建筑分类与分级的讲解，使同学们对建筑有更加深入的理解。同时与注册建筑师制度相结合，让同学们从建筑师的角度了解环境设计专业未来的从业方向。

本章学习目标 运用建筑学原理，使初学者对建筑基本常识有一个系统性的认识。

本章教学重点 理解建筑的内涵、分类与分级、建筑空间、建筑属性和注册建筑师制度。

谈到建筑，大家会联想到古今中外一些著名的建筑，如北京故宫外朝三大殿：太和殿、中和殿和保和殿，上海标志性建筑——上海环球金融中心以及上海中心大厦，埃及胡夫金字塔，迪拜哈利法塔等。这些建筑之所以举世瞩目，是因为它们在建筑史上留下了重要的足迹，建筑形象和设计手法因其具有鲜明的个性和独特的魅力而深入人心。

学习建筑，我们首先从了解建筑的内涵开始。

第一节
建筑的内涵

有人认为建筑和房子是两个相同的概念，其实两者之间有着密切的联系，但内涵却不同。我们可以从四个方面进行分析：从单体建筑的角度看，北京天坛、地坛，罗马大角斗场、万神庙，法国巴黎圣母院等，都是世界著名的建筑，不是房子；从园林建筑的角度看，苏州拙政园中的荷风四面亭、小飞虹、见山楼等，都是苏州著名的园林建筑，不是房子；从构筑物的角度看，桥梁和水塔不是房子，而是建筑；从建筑规划的角度看，建筑群的规划不仅仅是简单地对若干房子的规划，还要考虑建筑所处地域的历史、文化、地理环境和气候条件等因素。总之，建筑不仅仅是房子，但房子一定是建筑。

建筑的内涵比较广，概括来讲，有如下几个方面。

一、建筑是庇护所

庇护所是建筑最原始的含义。所谓庇护所，是指可以让人们免受恶劣天气和敌兽侵袭的场所。在原始社会时期，原始人类改造自然的能力极其低下，居住在天然洞穴之中。洞穴就是原始人类的庇护所，是原始人类躲避风霜雨雪的场所。洞穴是最原始的居住空间——穴居，该生活方式主要集中在当时黄河流域的黄土地带。

二、建筑是由实体和虚无所组成的空间

从空间的角度上讲，建筑空间有建筑内环境和建筑外环境。建筑内环境中的实体是指门、窗、墙体、柱子、梁、板等结构构件。建筑内环境中的虚无是实体部分所围合的部分。建筑外环境是若干栋建筑所围合形成的空间环境，包括植物、道路、水体、景观设施等要素，这构成了建筑外部环

图1-1 苏州博物馆新馆内部环境

境，是"虚"的空间；而若干建筑是实体部分，如图1-1和图1-2所示。

图1-2 2010年上海世博演艺中心外环境

◤三、建筑是三维空间和时间组成的统一体

无论是建筑内部空间还是建筑外部形态，都有相应的长度、宽度和高度之分，这些构成了建筑的三维空间，从而使人们可以多角度、立体地观察建筑形象。时间作为建筑的另一载体，赋予了建筑更加深刻的内涵，如展览馆或博物馆中反映历史题材的展品，通过采用声、光、电等技术实现历史场景的再现，让观众有种身临其境的感受；再如，圆明园等建筑遗址成为时间和空间的载体，承载了中国晚清时期被英、美等八国侵略的历史，成为一部生动的历史教科书，如图1-3和图1-4所示。

图1-3 博物馆中利用激光、影片技术及语音旁白再现某一战斗场景

图1-4 北京圆明园建筑遗存模型

四、建筑是艺术与技术的综合体

建筑设计是一门艺术设计，主要反映在建筑表现上。对于建筑创作者而言，建筑表现应体现艺术审美的一般规律，符合人们的审美情趣，与设计主题紧密联系。同时，建筑创作也离不开技术支持，建筑技术为建筑艺术的实现提供支持，主要反映在建筑材料、建筑结构、建筑施工等方面的应用上。

上海东方明珠电视塔位于上海陆家嘴金融中心区域，塔高468m，其建筑师是著名工程结构专家江欢成。建筑从外观上看，由11个大小不一的球体串联而成，其中两颗如同红宝石般晶莹夺目的巨大球体被高高托起，创造了"大珠小珠落玉盘"的意境，如图1-5所示。

迪拜市的伯瓷酒店又被称为阿拉伯塔酒店，总高321m，56层，采用双层膜结构建筑形式，极具现代特色。其设计师是来自英国的W•S•Atkins。目前该酒店是世界上建筑高度排行较前的酒店，酒店外观仿佛一艘单桅三角帆船，位于波斯湾内的人工岛上，如图1-6所示。

图1-5 上海东方明珠塔

图1-6 阿拉伯塔酒店

五、建筑内涵的其他提法

"建筑是凝固的音乐"这一名言由德国著名哲学家谢林提出，后人在此基础上补充道："音乐是流动的建筑。"这两句话显示出建筑与音乐之间有许多相通或相似之处。例如，在建筑立面造型上讲究建筑元素的节奏感和韵律美，在音乐中运用节奏、旋律、强弱、装饰音等表达情感。

日本当代建筑大师安藤忠雄提出："建筑是生活的容器。"人们生活不仅仅为了生存，还需工作、人际交往、健身、娱乐、学习等。如果将建筑比喻为"容器"，墙面和屋顶就是容器的外壳，建筑作为容器需要满足人们日常生活中的全部需求。

许多建筑师针对中国古代建筑发展特色，提出"建筑是一部木头的史书"。中国古代建筑主要以木结构建筑为主，其建筑类型涵盖了民居建筑、园林建筑、陵墓建筑、宗教建筑、宫殿坛庙建筑等。还有一些建筑学家根据西方建筑发展特点，认为"建筑是一部石头的史书"。西方古代建筑是以砖石结构建筑为主，其建筑类型涵盖了纪念性建筑、宗教建筑、宫殿建筑、体育建筑、居住建筑、陵墓建筑等。这两种提法从两个不同侧面反映出建筑发展的特征。

关于建筑的内涵，现代建筑大师还有以下观点：如法国著名建筑师、机械美学理论的奠基人勒·柯布西耶（1887—1965），提出"建筑是住人的机器"；美国建筑大师弗兰克·劳埃德·赖特（1867—1959）认为"建筑是用结构来表达思想的科学性艺术"等。

第二节
建筑的基本构成要素

通过上一节的学习，我们可以从建筑的内涵中感受到建筑是一个综合性学科。建筑设计要以人为本，早在古罗马时期，著名建筑师马可·维特鲁威就提出了建筑的三要素：实用、经济和美观，并总结了当时的建筑经验，编写出著名的理论著作《建筑十书》。建国之初，我国就建筑创作提出"适用、经济、在可能条件下注意美观"的建筑方针。后来随着建筑业的不断发展，以及我国经济建设的蓬勃发展，1986年原建设部明确指出建筑业的主要任务是"全面贯彻适用、安全、经济、美观"的方针。当前，由于节能建筑和智能建筑的不断建设、人们审美要求的不断提升，人们对建筑设计与施工又提出了更高的要求。建筑的基本构成要素就是建筑三要素和建筑方针的具体表现。

一、建筑功能

不同的建筑类型有着不同的建筑功能，但均要满足基本的功能要求。

（一）使用功能要求

建筑使用功能不同，建筑设计的要求也有所差异。例如，火车站候车大厅要求满足旅客检票与登车之前休息的功能；影剧院要求视听效果良好、观众疏散速度快；展览馆与博物馆要求展品合理布局，参观者有简捷、完整的观摩路线；商场要求客流与货流互不干扰；计算机实验中心要求用电安全、室内保持良好的通风环境；高速公路上的服务区建筑要求具备购物、休息、餐饮的功能；幼儿园要求幼儿生活用房、工作人员服务用房和后勤人员供应用房具备相对独立设置等功能。

（二）尺度要求

对于建筑尺度而言，建筑的尺度和建筑设计目标应统一。例如，人民英雄纪念碑有一种庄严、雄伟、挺拔的尺度感。对于室内空间而言，室内空间尺度应满足人们在室内活动的需要，尺寸不宜过大或过小。例如，平层住宅的建筑层高宜为3m，尺寸过大不仅浪费了相应的建筑材料，而且给人空荡荡的感受；尺寸过小会使人们心理上产生压抑感甚至影响使用功能。对于室内空间中的家具而言，尺度上应满足人们的使用要求，如卧室中矩形双人床的宽度应在1500mm ~ 1800mm，长度应在1800mm ~ 2100mm，床头靠背应距离地面1060mm左右。

（三）物理性能要求

建筑设计要达到节能要求，而建筑要有良好的保温、隔热、隔声、防火、防潮、采光与通风等物理性能，这也是人们创造实用、舒适的工作、生活、学习环境所必备的条件。例如，近年来Low-E玻璃因其优异的保温隔热性能已在建筑物门窗设计与施工中逐步普及，同时可以有效避免光污染；在影剧院观众厅的吸声天花板上加设一层隔音吊顶，可以有效解决因影剧院上部结构传来的噪音对视听环境的干扰；自动喷水灭火系统普遍应用在大型商场、酒店、办公楼中，当建筑物发生火灾时可以起到自动喷水灭火的功能；老年人公寓、敬老院、养老院等建筑不应低于冬至日（一般在公历12月22日或12月23日）日照2小时的标准等。

二、物质技术条件

（一）建筑结构技术

随着建筑科技的不断发展，建筑结构技术日新月异，无论是富有强烈时代气息的大跨度的场馆建筑、高耸的摩天大楼，还是带有传统仿旧韵味的特色建筑，建筑结构技术都应用在建筑设计与建筑施工中，如图1-7 ~ 图1-10所示。

图1-7 国家体育场俗称"鸟巢"，建筑采用钢编织结构，结构上的重要节点采用国产Q460特型钢板

图1-8　西尔斯大厦采用成束筒结构体

图1-9　上海科技馆屋架采用网架结构

图1-10　特色步行街上的建筑采用砖石拱券结构，搭配大面积的
玻璃和半拱形的窗洞造型，具有强烈的民国建筑风情

（二）建筑材料创新与应用

在上述的建筑结构介绍中，我们可以感受到建筑材料与建筑结构之间紧密的联系。建筑材料是随着科技的发展而不断革新的。从木材建筑到砖瓦建筑，再到后来出现的钢铁、水泥、混凝土及其他材料，它们为现代建筑的发展奠定了基础。20世纪后，保温隔热材料、吸声降噪材料、耐火防火材料、防水抗渗材料、防爆防辐射材料应运而生，尤其塑胶材料的出现给建筑创作开辟了新的空间。这些新型建筑材料往往被建筑师应用在地标性建筑上。例如，上海中心大厦是新的上海市地标，其建筑外观采用双层玻璃为幕墙；中央电视台新大楼外观采用薄型铝合金玻璃为幕墙，是对传统幕墙理念的革新；苏州市观前街上某建筑外立面采用大面积的玻璃和铝塑板进行装饰，如图1-11所示。

图1-11　苏州市观前街上某建筑外立面采用大面积的玻璃和铝塑板进行装饰

（三）建筑施工

建筑施工是指建筑设计单位在建筑施工图纸完成之后，施工单位依据图纸要求在指定地点实施建筑建设的生产活动。建筑施工包括施工技术和施工组织两个方面。

当今的建筑施工普遍存在建筑工程规模大、建设周期长、施工技术复杂、质量要求高、工期限制严格以及工作环境艰苦、不安全因素相对较多等特点，因此，提高建筑施工技术及加强建筑施工组织显得尤为重要，如图1-12和图1-13所示。

图1-12　高层商住楼施工现场

图1-13　高层住宅楼施工现场

三、建筑形象

（一）建筑内部空间形象

建筑室内空间的尺度、界面的造型、家具和陈设品等要素构成了建筑内部空间形象。不同的建筑内部空间形象会给人们不同的感受，如图1-14和图1-15所示。

图1-14 杭州市银泰城商业综合体内
自动扶梯下侧的景观形象展示

图1-15 苏州博物馆某展厅空间形象展示

（二）建筑外观形象

建筑外观形象主要指建筑体形、建筑外部立面和屋顶形态、细部
装饰构造等，如图1-16和图1-17所示。

图1-16 雷克萨斯轿车专卖店建筑外景

图1-17 某住宅外观

（三）建筑色彩形象

建筑色彩形象主要指建筑外立面建筑材料的色彩搭配、装饰色彩，建筑内部空间装饰装修后的
色彩搭配等，如图1-18和图1-19所示。

图1-18 乌镇东栅建筑群采用米色石材和黑红色楠木

图1-19 安徽宏村月沼周围的白色山墙、
灰瓦建筑群，仿佛一幅水墨画

第三节
建筑空间

一、室内空间

室内空间是建筑空间的重要组成部分。人们在进行工作、学习、娱乐、餐饮等活动时，常常处在不同属性的室内空间中。

根据空间构成性质与特点不同，室内空间可以分为开敞空间和封闭空间、动态空间与静态空间、虚拟空间和虚幻空间、灰空间、共享空间等。

（一）开敞空间和封闭空间

对于室内空间而言，空间界面的围合程度决定空间的开敞性与封闭性程度。空间的开敞性与封闭性是相对的，某些空间形态介于开敞空间与封闭空间之间，属于半开敞或半封闭空间。

开敞空间具有较强的灵活性，注重空间环境的融合与交流，常常采用对景、借景、框景等设计手法，室外取室内空间没有的景物，在室内空间一定范围内向外观赏，有时观赏的景物会随着季相的变化而变化。

封闭空间常常被墙体、门窗、梁、板、柱等结构构件所围合，具有强烈的隔离感、稳定感和私密感，以及空间尺度感明确等心理感受，如图1-20和图1-21所示。

图1-20 透过镂空的六边形窗，人们可以看到室外的景色

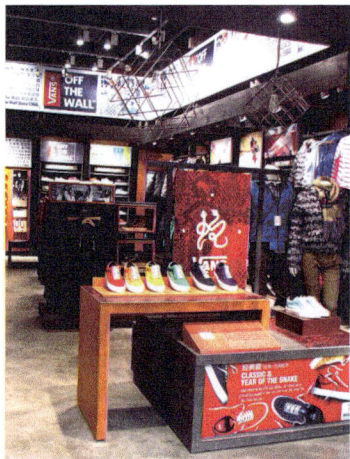

图1-21 某体育品牌专卖店内部是封闭的室内空间

（二）动态空间与静态空间

动态空间能让人们在室内空间的分隔、界面处理、陈设布置中感受到"动感"，避免静止的、生硬的、呆板的空间组合。动态空间具有以下特点：（1）利用机械化、电气化、自动化设施设备，使人们在空间中感受动感。例如，在博物馆空间中可利用自动扶梯作为垂直交通工具，因为观众在乘坐扶梯时视线范围是随着自动扶梯的升降而变化的；（2）通过空间界面引导标识设计，使空间方向性更加明确；（3）利用声、光、电、影像技术，让空间具有动感；（4）空间分隔灵活，可以根据不同需求，及时调整空间尺度；（5）借助室外自然景物，采用借景或框景的方式和季相变化，可以形成动态空间；（6）利用字画使人们产生动态联想；（7）利用台阶、楼梯、家具、陈设品，使人们在室内空间活动中既有驻足又有行动；（8）利用对比强烈的装饰图案和有动感的线条进行界面装饰。

静止空间常常具有稳定的空间构图、对称的界面造型，有且只有一个视觉中心点，空间领域性强、空间尺度感明确，如图1-22和图1-23所示。

图1-22 人们看到厅堂中的对联及横批，不由自主地浏览起来

图1-23 客厅空间的视觉中心较为集中，空间领域感强

（三）虚拟空间和虚幻空间

虚拟空间是人们在室内空间中由于心理作用而形成的内部空间划分，而非由某一实体对空间的再次限定。例如，在某空间中采用两种不同材质的地面铺装，可形成两种不同的心理空间；再如，客厅中采用15~20cm的地台划分出视听空间，与客厅中其他区域隔离开来；书房中的书架或书柜形成了储藏空间，计算机、桌椅的组合形成了学习与工作的空间等。

虚拟空间是利用镜面玻璃折射成像以及室内镜面反射的虚像，把人们的视线引向由镜面形成的虚幻空间。当室内空间有限，同时希望产生较大的空间尺度感时，往往在室内空间一侧界面或两侧界面上设置镜面玻璃，使之产生虚幻空间的效果。在歌厅、舞厅等特殊空间环境中，还可以采用奇异的光影效果实现美轮美奂的虚拟光空间。

（四）灰空间

日本当代建筑界三杰分别是安藤忠雄、黑川纪章和矶崎新。"建筑灰空间"这一概念最早是由黑川纪章提出来的。从建筑空间的角度来说，灰空间是指建筑与外环境之间的过渡空间；是指半室内、半室外、半封闭、半开敞、半私密、半公共的中介空间。建筑灰空间的作用主要有三个方面：第一，增加建筑本身的功能性和实用性。例如，在步行街上某咖啡厅门前布置休息座椅，既方便顾客休息，又是咖啡厅室内空间功能的延展；第二，建筑灰空间增加了建筑体量关系，丰富了人们的视觉层次感；第三，在景园建筑群规划设计中，我们常常可以看到一些连廊和休息亭，这些建筑所营造的灰空间可以增加景观效果。

从建筑造型角度而言，灰空间是指建筑物中的某些带有敞开式部件，将该建筑物的某些部分与外部环境直接沟通而形成的那个空间，如阳台、屋顶结构构件等，如图1-24～图1-29所示。

图1-24　由遮阳棚和休闲座椅组成的餐饮建筑室外的灰空间，方便顾客休息、谈话和饮食

图1-25　由半拱形门洞和矩形门洞排列形成的半开敞式的走廊空间

图1-26　道路一旁的景观木构廊架

图1-27　广场一旁的景观石构休息连廊

图1-28 苏州狮子林中的扇亭,由顶盖、柱子、休息座椅构成的开敞性的灰空间

图1-29 中国美院大门,悬挑结构的顶盖和支撑柱构成了灰空间

(五)共享空间

共享空间是指人们在公共建筑中共用的空间,分为开放式空间和封闭式空间两种。开放式建筑共享空间,如古罗马大角斗场;封闭式建筑共享空间一般是指附属于单幢建筑的大型内部开放空间,如武汉销品茂中庭空间和光谷步行街一期入口处的中庭空间、上海环球金融中心观光层室内空间等。

根据空间性质的不同,室内空间可以分为住宅室内空间、公共建筑室内空间、工业建筑室内空间和农业建筑室内空间等。

室内空间可以采用不同的空间组织手法进行内部空间的二次分隔,使内部空间组织更加具有实用性和亲和力。例如,利用结构构件(梁与柱)、家具、装饰隔断等划分空间,如图1-30和图1-31所示。

图1-30 运用曲面形顶棚、吊顶装饰、梁、立柱等划分室内空间

图1-31 利用展示家具和展品组织空间流线划分室内空间

二、建筑外部空间

建筑群室外空间主要包括道路、植物、水景、广场、景观设施等要素。

道路是建筑间的交通枢纽,建筑群在不同的环境中道路的形态和尺度也不同。例如,在住宅小区中有小区道路、组团间的道路、宅间小路;在公园中有主干道、次干道、游步道、小径等。

建筑周围配置植物(乔木、灌木、草坪、花卉等)时,应充分考虑植物的形状、色彩、高矮、纹理、空间位置以及与道路、水景等其他环境要素组合后的空间效果。

《易经》中提出:"山管人丁,水主财""润万物者莫润乎于水",可见水在古人看来就是财。水也是建筑设计中的重要元素,不论是古代、近现代还是当今建筑环境设计,都离不开水景设计。水景形态有自然形态和人工形态。湖水、河流、小溪、山中天然泉水、瀑布等属于自然形态;喷泉、水池、水井、人工河道等属于人工形态。水景常常与岸边的植物、建筑和山峦构成优美的景色。

广场是指由建筑物围合或限定的城市或城镇公共活动的空间。广场可以把周围独立的建筑与空间联系起来,通常具有一定的主题和功能。根据广场的性质不同,可分为市政广场、纪念性广场、休闲广场、商业广场、交通广场、宗教广场等。

景观设施包括室外景观构筑物、水景设施、景观雕塑、景观指示系统、景观建筑小品、游乐设施和无障碍设施等,如图1-32和图1-33所示。

图1-32 某广场上的景观雕塑

图1-33 某休闲广场上的人物雕塑

第四节
建筑属性

建筑具有实用性、技术性、艺术性、文化性、地域性与民族性、社会性六种属性。

一、实用性

建筑的营造是为了创造良好的生活、学习、工作的室内空间环境。建筑空间尺度、室内微小气候、建筑装饰材料的选用、建筑设备的使用情况、建筑朝向、建筑高度等都是影响建筑实用性的因素。为了在建筑设计中贯彻实用性原则，国家先后出台了一系列建筑设计规范，其中在《民用建筑设计通则（2005年版）》《民用建筑设计防火规范（2005年版）》《高层民用建筑设计防火规范（2005年版）》等规范中，对建筑设计、建筑设备、建筑装修等提出了一系列实用性要求。

二、技术性

科技的进步带动了建筑的进步，而建筑的进步不仅是建筑施工和竣工的技术保障，同时也为建筑师的创作提供了技术支持。建筑的新技术、新材料、新工艺已经在建筑构思、建筑设计与建筑施工等环节中得到充分应用，如法国巴黎歌剧院采用薄壳结构、国家游泳中心采用膜结构等。

三、艺术性

建筑的艺术性表现在建筑造型，应具有一定的形式美感和适宜的比例和尺度。美国芝加哥建筑学派路易斯·沙利文在1907年提出"Form follows function"，即形式服从功能。换言之，建筑功能决定建筑艺术表现形式，建筑艺术形象与建筑功能是统一体。

四、文化性

建筑创作离不开建筑所蕴含的文化内涵，其文化性主要体现在建筑与哲学、经济学、美学方面关，同时建筑设计通过各种设计手法体现设计者的文化观念。例如，著名建筑学家彭一刚先生为华侨大学四十年华诞所建的"承露泉"，体现了华侨大学学生及校友特色，即"聚莘莘学子于五湖四海，育创新英才惠四面八方"，如图1-34所示。

图1-34 华侨大学"承露泉"设计

◤ 五、民族性与地域性

由于生活习惯、风土人情、宗教信仰等人文因素的差异，不同民族的建筑形式呈现出多样化特征；由于所处的地理环境、气候条件等自然因素的差异，不同民族的建筑也呈现出不同的形态。即使是同一类型的建筑，所呈现出的建筑形态也有差异。例如，蒙古族采用易拆卸的毡包作为居住建筑形式；苗族、侗族、瑶族、土家族采用吊脚楼作为长期的居住建筑形式；北京四合院和皖南四合院虽然在建筑性质上相同，建筑格局上相似，但北京四合院中庭宽敞，皖南四合院中庭相对狭小。

◤ 六、社会性

随着社会的逐步进步，建筑也随之发展。反过来，建筑的发展是社会进步的物质象征。建筑与社会之间有着密切的联系，主要反映在如下三个方面。

（一）建筑与社会制度的关系

在我国古代封建社会制度下，建筑格局、建筑装饰具有严格的规定，建筑使用对象在社会阶层中所处的地位决定了其使用的建筑等级。现代建筑和当代建筑在民主制度下蓬勃发展，建筑师可以根据使用功能、使用对象和建筑环境等因素进行创作，但在封建社会制度下这些创作思路会被压制。

（二）建筑与社会意识之间的关系

中国古代建筑设计与规划中反映的风水观念、唯心观念、男尊女卑思想等，都从某一角度说明了社会意识对建筑发展所带来的积极或消极作用。

（三）建筑与社会问题之间关系

社会问题在社会发展的不同阶段，其表现也不同。例如，现阶段社会人口老龄化问题、幼儿教育问题、人口问题、大学生就业问题、住房问题等，这些问题的妥善解决，势必带动建筑的发展。

第五节
建筑分类与建筑类别等级划分

一、建筑分类

（一）按照使用性质分类

公共建筑可分为居住建筑、公共建筑、工业建筑和农业建筑四个方面。

居住建筑包括住宅、民居、别墅、宿舍和公寓。

公共建筑包括办公建筑（如办公楼、写字楼）、医疗建筑（如医院、卫生院、保健院）、交通建筑（如航站楼、汽车客运站、火车站、地铁站、公交车站）、商业建筑（如商场、专卖店、超市）、园林建筑（如公园和庭院中的亭、台、楼、阁、轩、榭）、教育建筑（如幼儿园、各类学校）、体育建筑（如体育馆、杂技厅）、纪念性建筑（如纪念碑、纪念馆、纪念性雕像）、餐饮建筑（如茶室、中西餐馆）、娱乐建筑（如KTV、游乐场、游乐园）、展览建筑（如展览馆、博物馆）、观演建筑（如电影院、剧院、音乐厅）等。

近年来，随着商业业态多样化的发展和人们生活品质的不断提高，商业地产得到改革和升级，逐步形成了商业综合体。商业综合体是集餐饮、娱乐、商业、观演于一体的大型公共建筑，如武汉菱角湖万达广场、杭州银泰城、上海新天地等。

工业建筑包括工业厂房、车间、厂区内水塔、烟囱等。

农业建筑包括农机站、温室大棚等。

（二）按照建筑高度和层数分类

公共建筑分为非高层、高层、超高层建筑；住宅分为低层、多层、中高层和高层、超高层住宅。如表1-1及图1-35～图1-38所示。

表1-1 建筑分类1

	公共建筑	住宅建筑	
非高层	建筑物总高度 ≤24m	低层 多层 中高层	1～3层 4～6层 7～9层
高 层	建筑物两层以上高度 ≥24m	≥10层	
超高层	建筑总高度≥100m		

图1-35 某风景区中的低层别墅

图1-36 某高层商住楼

图1-37 非高层教学楼

图1-38 超高层建筑——上海环球金融中心

（三）按照建筑修建数量和体量分类（见表1-2）

表1-2 建筑分类2

大量性建筑	与人们日常生活中密切相关的建筑且建筑数量多，如住宅、学校、医院、商店等。这些建筑无论是在城市或是乡村都是不可或缺的，建设数量大
大型性建筑	建筑规模大、体量大的建筑，如大型体育馆、大型博物馆、大型影剧院、大型客运站与火车站等。这些建筑标志性强，往往成为某一城市或某一地域的象征

二、建筑类别等级划分

（一）按照建筑耐久年限将建筑分为以下四级（见表1-3）

表1-3 建筑分类3

级别	耐久年限	建筑适用范围
一	>100年	适用于重要建筑和高层建筑
二	50～100年	适用于一般建筑
三	25～50年	适用于次要建筑
四	<25年	适用于临时性建筑

（二）按照民用建筑耐火等级划分

耐火等级取决于建筑物主要构件的耐火极限和燃烧性能。

耐火极限是指对任一建筑构件按时间一温度标准曲线进行耐火实验，从受到火的作用时起，到失去支持能力或完整性被破坏或失去隔火作用时为止的这段时间，以小时为单位。根据《建筑设计防火规范（GB50016-2006）》的规定，建筑物的耐火等级分为四级，其中重要的、大量的建筑按一级、二级耐火等级进行设计。

燃烧性能是指建筑材料燃烧或遇火时所发生的一切物理和化学变化，这项性能由材料表面的着火性和火焰传播性、发热、发烟、炭化、失重以及毒性生成物的产生等特性来衡量。根据燃烧性能不同，将建筑构件划分为三类：不燃烧体、难燃烧体和燃烧体。不燃烧体是指用不燃烧构件做成的建筑构件，如天然石材、人工石材、金属材料构件等。难燃烧体是指用难燃烧体做成的建筑构件或用燃烧材料做成且用不燃烧材料做保护层的建筑构件，如木板条抹灰构件、石膏板等。燃烧体是指用燃烧材料做成的建筑构件，如木材构件、纤维板等。

不同耐火等级建筑物相应的耐火极限和燃烧性能应不低于表1-4的要求。

表1-4　　　　　　　　　　　　　　　建筑物构件耐火极限和燃烧性能

名称		耐火极限（单位：h）			
构件		一级	二级	三级	四级
墙	防火墙	不燃烧体 3.00	不燃烧体 3.00	不燃烧体 3.00	不燃烧体 3.00
	承重墙	不燃烧体 3.00	不燃烧体 2.50	不燃烧体 2.00	不燃烧体 0.50
	非承重外墙	不燃烧体 1.00	不燃烧体 1.00	不燃烧体 0.50	燃烧体
	楼梯间的墙 电梯间的墙 住宅单元间隔墙 住宅分户墙	不燃烧体 2.00	不燃烧体 2.00	不燃烧体 1.50	难燃烧体 0.50
	疏散走道两侧的墙	不燃烧体 1.00	不燃烧体 1.00	不燃烧体 0.50	难燃烧体 0.25
	房间隔墙	不燃烧体 0.75	不燃烧体 1.00	不燃烧体 0.50	难燃烧体 0.25
柱		不燃烧体 3.00	不燃烧体 2.50	不燃烧体 2.00	难燃烧体 0.50
梁		不燃烧体 2.00	不燃烧体 1.50	不燃烧体 1.00	难燃烧体 0.50
楼板		不燃烧体 1.50	不燃烧体 1.00	不燃烧体 0.50	燃烧体
屋顶承重构件		不燃烧体 1.50	不燃烧体 1.00	燃烧体	燃烧体
疏散楼梯		不燃烧体 1.50	不燃烧体 1.00	不燃烧体 0.50	燃烧体
吊顶（含吊顶搁栅）		不燃烧体 0.25	不燃烧体 0.25	不燃烧体 0.15	燃烧体

注：（1）除本规范另有规定者外，以木柱承重且以不燃烧材料作为墙体的建筑物，其耐火等级应按四级确定；
　　（2）二级耐火等级建筑的吊顶采用不燃烧体时，其耐火极限不限；
　　（3）在二级耐火等级的建筑中，面积不超过100m²的房间隔墙，如执行本表的规定确有困难时，可采用耐火极限不低于0.3 h的不燃烧体；
　　（4）一级、二级耐火等级建筑疏散走道两侧的隔墙，按本表规定执行确有困难时，可采用0.75h不燃烧体。

第六节
注册建筑师

一、注册建筑师简介

　　注册建筑师是指经过全国统一考试合格后，依法登记注册，取得注册建筑师证书，并从事建筑设计、建筑业务咨询等相关工作的人员。为了加强注册建筑师的管理，我国于1995年颁布了《中华人民共和国注册建筑师条例》，条例共六章，并附实施细则。

　　我国注册建筑师分为一级注册建筑师和二级注册建筑师。2014年10月23日，国务院取消了注册建筑师的行政审批，由全国注册建筑师管理委员会负责具体工作。

二、注册建筑师报考条件和考试科目

（一）全国一级注册建筑师资格考试首次报考人员需满足条件

1. 专业、学历及工作时间要求

（1）符合表1–5所列要求。

表1–5　　　　　　　　　　　专业、学历及工作时间要求

专业	学位或学历		取得学位或学历后从事建筑设计的最少时间
建筑学建筑设计	本科及以上	建筑学硕士或以上毕业	2年
		建筑学学士	3年
		五年制工学学士或毕业	5年
		四年制工学学士或毕业	7年
	专科	三年制毕业	9年
		二年制毕业	10年
城市规划城乡规划建筑工程房屋建筑工程风景园林建筑装饰技术环境艺术	本科及以上	工学博士毕业	2年
		工学硕士或研究生毕业	6年
		五年制工学学士或毕业	7年
		四年制工学学士或毕业	8年
	专科	三年制毕业	10年
		二年制毕业	11年

专业	学位或学历		取得学位或学历后从事建筑设计的最少时间
其他工科	本科及以上	工学硕士或研究生毕业	7年
		五年制工学学士或毕业	8年
		四年制工学学士或毕业	9年

（2）不具备表1-5所规定学历的申请报名考试人员应从事工程设计工作满15年且具备下列条件之一。

① 在注册建筑师执业制度实施之前，作为项目负责人或专业负责人完成民用建筑设计三级及以上项目四项全过程设计，其中二级以上项目不少于一项。

② 在注册建筑师执业制度实施之前，作为项目负责人或专业负责人完成其他类型建筑设计中型及以上项目四项全过程设计，其中大型项目或特种建筑项目不少于一项。

2. 职业实践要求

按照一级注册建筑师职业实践标准，申请报考人员应完成不少于700个单元的职业实践训练。报考人员应向考试资格审查部门提供本人的《一级注册建筑师职业实践登记手册》，以供审查。

（二）2012年度全国二级注册建筑师资格考试首次报考人员需满足条件

（1）专业、学历及工作时间符合如表1-6所示要求。

表1-6　　　　　　　　　　　　专业、学历及工作时间

专业		学历	取得学历后从事建筑设计的最少时间
本科及以上	建筑学	大学本科（含以上）毕业	2年
	相近专业	大学本科（含以上）毕业	3年
大专	建筑学（建筑设计）	毕业	3年
	相近专业	毕业	4年
中专（不含职业中专）	建筑学（建筑设计技术）	四年制（含高中起点三年制）毕业	5年
	建筑学（建筑设计技术）	三年制（含高中起点二年制）毕业	7年
	相近专业	四年制（含高中起点三年制）毕业	8年
	相近专业	三年制（含高中起点二年制）毕业	10年
	建筑学（建筑设计技术）	三年制成人中专毕业	8年
	相近专业	三年制成人中专毕业	10年

注："相近专业"：本科及以上为城市规划、建筑工程、环境艺术；大专为城乡规划、风景园林、建筑装饰技术、房屋建筑工程、环境艺术；中专为建筑装饰、城镇规划、工业与民用建筑、村镇建设。

（2）具有助理建筑师、助理工程师以上专业技术职称，并从事建筑设计或者相关业务3年（含3年）以上。

（3）不具备上表规定学历的申请报名考试人员应从事工程设计工作满13年且应具备下列条件之一：

① 在注册建筑师执业制度实施之前，作为项目负责人或专业负责人完成民用建筑设计四级及以上项目四项全过程设计，其中三级以上项目不少于一项。

② 在注册建筑师执业制度实施之前，作为项目负责人或专业负责人完成其他类型建筑设计小型及以上项目四项全过程设计，其中中型项目不少于一项。

一级注册建筑师考试科目包括建筑设计、建筑经济施工与设计业务管理、设计前期与场地设计、场地设计（作图题）、建筑结构、建筑材料与构造、建筑方案设计（作图题）、建筑物理与建筑设备、建筑技术设计（作图题）9个；二级注册建筑师考试科目包括建筑构造与详图（作图题）、法律法规经济与施工、建筑结构与设备、场地与建筑设计（作图题）4个。

本章小结

本章应理解建筑的内涵、建筑基本构成要素、建筑空间分类、建筑属性等内容；了解建筑的分类、分级、注册建筑师制度等内容。

本章思考题

1. 请根据自己的理解，谈谈对建筑内涵的认识。
2. 简述建筑物与构筑物之间的差异。
3. 请收集建筑灰空间图片5幅，并谈谈灰空间的造型特征。
4. 请举例分析建筑具有民族性与地域性的特征。
5. 你去过哪些商业综合体，其建筑造型与空间给你留下怎样的形象？
6. 环境艺术设计本科专业大学生，毕业几年后可报考注册建筑师？

第二章

中西方建筑简史

本章课程概述　本章主要从建筑历史的角度，简要阐述中西方建筑发展的历程，对建筑发展过程中关键时期的重点建筑及其建筑特色进行介绍。

本章学习目标　学习中西方古代以及近现代建筑发展历程，感受不同时期建筑艺术的成就，提高建筑文物保护意识。

本章教学重点　中国古代重要朝代建筑艺术成就、中国近现代建筑的三个时期、西方古代建筑艺术成就和近现代建筑艺术代表作及其设计师。

第一节
中国古代建筑简史

中国古代历史创造了灿烂的古代文化，创造了中华文明。在中华历史进程中，建筑艺术和成就在中华文化体系中占据着极其重要的地位，同时也成为世界建筑体系中重要的组成部分。

一、中国古代建筑体系

（一）中国古代建筑体系

中国古代建筑体系分为木构建筑体系、砖石砌筑建筑体系、洞窟建筑体系和绳索建筑体系四种。其中木构建筑体系是我国古代建筑体系的主流。四种建筑体系应用于各种建筑类型，如表2-1所示。

表2-1　　　　　　　　　　　　　四种建筑体系及适用类型

体系名称	适用的建筑类型
木构建筑体系	民居、祠堂、宫殿、寺庙、坛庙、园林建筑等
砖石砌筑建筑体系	砖塔、城墙、城门、石桥、陵墓等
洞窟建筑体系	石窟、窑洞等
绳索建筑体系	索桥、槛等

（二）关于古代木构建筑体系传承下来原因的讨论

有人说："建筑是木头的史书"，这句话从一个侧面反映了中国建筑历史的发展特征。为何中国古代建筑传承了木构建筑呢？建筑界就此问题进行了一系列的讨论，大体上有如下四种说法：其一，中国著名古建筑学家刘致平在《中国建筑类型及结构》中提出："中国有丰厚的土壤和很多的树木，不缺乏木构建筑原料。"这种说法被称为"自然条件说"；其二，著名建筑师徐敬直在《中国建筑》中提出："中国古代大量采用木构建筑主要是为了建筑施工与拆卸的方便。"这种说法被称为"经济合理说"；其三，《华夏意匠》的作者李允鉌认为中国古代木构建筑得以继承，是由于很多人信仰宗教，不像西方人将石材建筑作为永恒的追求，这种说法被称为"宗教观念说"；其四，著名建筑学家梁思成先生在《中国建筑史》中提出："中国古代修建和传承了木构建筑，原因在于工匠认为石灰质量差，不能作为石构建筑粘接材料。"

对于每种说法都有人批判，有人赞同，并且在建筑界也有深入的讨论。大家支持哪种说法呢？

（三）古代木构建筑结构体系

我国古代木构建筑结构体系主要有穿斗式和抬梁式两种。

穿斗式木构建筑的特点是：用穿枋把柱子串联起来，形成一榀榀的房架；檩条直接搁置在柱头上；在沿檩条方向，再用斗枋把柱子串联起来。这种木构建筑被广泛用于江西、湖南、四川等南方地区。

抬梁式木构建筑的特点是：在石础上搭建木柱，柱上搁置梁头，梁头上搁置檩条，梁上再用矮柱架起短小的梁，如此叠层而上，梁的总数可达3～5根。当柱上有斗拱构件时，将梁头搁置在斗拱上。这种木构建筑常见于北方地区和宫殿、庙宇等较大规模的建筑物。

抬梁式木构建筑做法分为大木大式和大木小式两种。大木大式做法用于重要建筑中，大木小式做法用于次要建筑中。两种做法的建筑相比较，如表2-2所示。

表2-2　　　　　　　　　　　　　　大木大式和大木小式建筑比较

大木大式建筑	大木小式建筑
有斗拱，也可无	无斗拱
有围廊	有前后廊
间架：5～11间	间架：3～5间
有伏脊木	无伏脊木
用瓦材作屋顶	用植物和稻草等作屋顶
有飞椽	无飞椽
高级屋顶形式	低级屋顶形式

注：

（1）间架：中国古代木构建筑把相邻两榀屋架之间的空间称为"间"，房屋的进深以"架"数来表达。

（2）伏脊木：被脊固定于脊桁上，截面为六角形，在伏脊木两侧朝下的斜面上开椽窝以插脑椽，该构件出现于明清时期，仅用于大木大式建筑中。

（3）椽：支撑屋盖材料的木杆。

二、中国古代木构建筑主要构件及装饰

（一）屋顶

中国古代建筑常常采取纵向三段式构图，建筑自上而下分别为屋顶、屋身和台基。屋顶在整个建筑中处于最上部，其形态特征具有很强的标志性。根据屋顶数量划分，古代建筑屋顶分为单檐

屋顶和重檐屋顶；根据屋顶形式划分，屋顶分为庑殿、歇山、悬山、硬山、攒尖、卷棚、盈顶、盝顶、十字脊顶、扇面顶、勾连搭等形式，其中重檐庑殿屋顶是中国古代大屋顶中形式中的最高级别，建筑实例有天安门城楼、太和殿等。

（二）梁柱

穿斗式和抬梁式木构建筑中都有横梁与立柱，这是中国古代木构建筑的主要支撑构件。横梁上的装饰不仅具有美观性，而且起到保护作用，同时能够反映建筑的等级。立柱的高度、柱距、建筑立面中立柱数量决定了建筑的规模，如图2-1～图2-4所示。

图2-1　安徽宏村某民居内梁柱交接处构造

图2-2　大同市云冈石窟中某建筑外立面上的横梁装饰图案

图2-3　苏州拙政园中某建筑外部立柱

图2-4　太原市晋祠圣母殿主立面上盘龙柱饰

（三）斗拱

斗拱是中国古代建筑中独特的结构构件，位于建筑横梁与立柱的交界处。构件由斗、拱、昂三部分组成。斗拱的作用有如下几个方面：（1）支撑作用；（2）连接柱网；（3）减少弯矩作用；（4）加大平行木纹的挤压面；（5）提升建筑空间；（6）吸引地震能量；（7）具有一定装饰性，如图2-5和图2-6所示。

图2-5 山西应县木塔上的斗拱构造

图2-6 太原晋祠献殿上的斗拱构造

（四）雀替

雀替通常位于中国古代建筑梁与柱的交界处、柱间的挂落下，或作为纯粹的装饰构件。宋代称为"角替"，清代称为"雀替"。雀替的用材与建筑用材相一致，木构建筑采用木雀替，石材建筑采用石雀替，如图2-7和图2-8所示。

图2-7 榆次常家庄园内某建筑雀替

图2-8 太原晋祠内某建筑雀替

（五）台基

台基一般由基座和踏道两个部分组成，某些台基前有月台。

基座根据等级与形式又可分为普通基座、须弥座和复合型基座。普通台基可用于一般住宅和园林建筑，须弥座源自佛座，由多层砖石构件叠加而成，单层须弥座和复合型基座用于宫殿和庙宇等较高等级的建筑。

台基一般采用石材，可对木构建筑起到防水、防潮作用。《尚书·大诰》中记载："若考作室，既底法，厥子乃弗肯堂；矧肯构？"译文为"父亲要建房子，已设计完毕，但儿子不肯建地基，更何况建造房子呢？"这句话说明了台基具有承托建筑的作用。

踏道根据形式不同，分为阶梯形踏道和斜坡式踏道。

如果建筑高大而雄伟，基座也会根据建筑的尺度适当加大，且在基座前加设月台。月台可以增加建筑室外活动空间，丰富建筑视觉层次，如图2-9和图2-10所示。

图2-9 平遥古城城隍庙台基

图2-10 榆次常家庄园宗祠台基及旗杆基座

（六）藻井

藻井是中国古代建筑中独特的天花装饰与建筑结构。中国古代建筑常在殿堂明间正中位置装修斗拱、描绘图案或雕刻花纹。藻井一般都用木材，采取木结构的方式做出如方形、圆形、八角形的样式，并以不同层次向上凸出，在每一层的边沿处都做出斗拱，然后将斗拱做成木构建筑的真实式样，承托梁枋，再支撑拱顶。藻井最中心部位的垂莲柱为二龙戏珠，图案极为丰富，可产生精美华丽的视觉效果，如图2-11和图2-12所示。

图2-11 藻井实例一

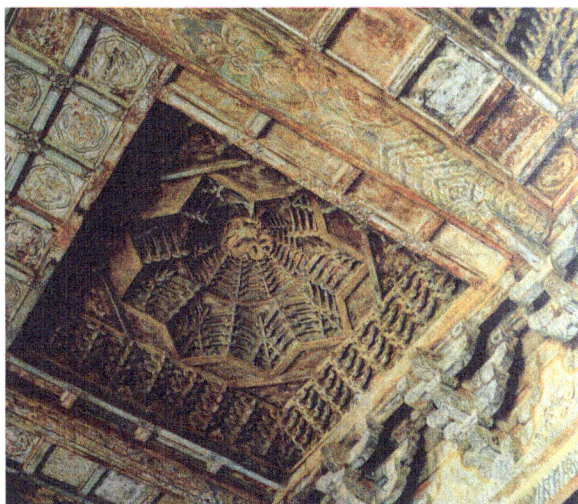
图2-12 藻井实例二

（七）彩画

在中国古代建筑中，常见的装饰手法是彩画，由箍头、枋心、垫板、藻头等几个部分组成。它和玺彩画、旋子彩画和苏式彩画是最常见的彩画形式。

和玺彩画以龙、凤的形态作为装饰主题，蓝绿色基调，龙的形态主要包括行龙、坐龙、卧龙和降龙四种，凤凰为金色。和玺彩画主要应用在皇家宫殿、坛庙的主殿及堂、门等重要建筑上，是彩画中的最高形式，如图2-13所示。

图2-13　清式和玺彩画图样

旋子彩画在藻头内用旋涡状的几何图形构成一组圆形的牡丹图案，称为旋花。旋花基本单位有"一整二破""一整二破加一路""一整二破加二路""一整二破加勾丝咬""一整二破加喜相逢"等形式，主要用于一般官衙、庙宇、城楼、牌楼等建筑上，等级上仅次于和玺彩画，如图2-14所示。

图2-14　清式旋子彩画图样

苏式彩画常以人物、故事、传说、花草等作为装饰主题，主要用于民居建筑、园林的小型建筑中，如图2-15所示。

图2-15　苏式彩画图样

三、中国古代建筑发展历程简述

从建筑发展规律的角度划分，中国古代建筑分为原始社会时期、奴隶社会时期和封建社会时期。封建社会时期又可分为三个阶段：封建社会前期、封建社会中期和封建社会后期，如图2-16所示。

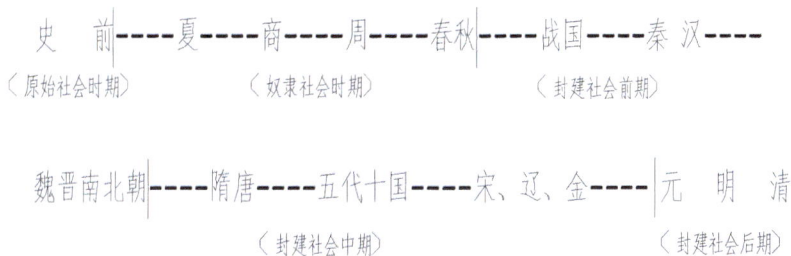

图2-16　中国古代建筑发展阶段

（一）原始社会时期的建筑（约前170万年—公元前21世纪）

漫长的原始社会主要经历了旧石器时期和新石器时期。在旧石器时期，人类开始使用打制石器；到了新石器时期，人类开始使用磨制石器。磨制石器的使用是区分旧石器时期和新石器时期的重要标志。

从新石器时期的建筑遗存上看，它们主要有位于黄河上游和渭水流域的仰韶文化、位于黄河中下游的龙山文化、位于长江中下游的河姆渡文化和位于内蒙、东北和新疆一带的细石器文化。

大多数仰韶文化建筑遗存采用半地穴建筑形式，以半坡文化遗址为代表。龙山文化建筑遗存主要特点有如下3个方面：其一，建筑平面采用"吕"字形；其二，建筑面积相对仰韶文化建筑遗存而言偏小一些；其三，建筑材料主要采用土坯砖和白灰土。

从考古发掘的实物上看，河姆渡文化建筑遗存带有榫卯结构。榫卯结构是在两个木构件上采用的一种凹凸结合的连接方式，凸出部分叫榫，凹进部分叫卯，如图2-17和图2-18所示。

图2-17　半坡村圆形半地穴建筑遗址

图2-18　河姆渡文化遗址发掘的榫卯构件

细石器时期建筑遗存主要有三道岭遗址和七城子遗址。三道岭遗址位于哈密市以西80千米处，发现的细石器有用砾石打制成的刮削器、细长石片、锥形石核等。制作石器的石材主要为玛瑙和石髓。七城子遗址位于木垒哈萨克自治县大石头乡以南，文化遗物有石核、石叶、石片石器以及石片等。石片石器中有扇形、龟背形、条形、三角形、弧形刮削器等。

（二）奴隶社会时期的建筑（公元前21世纪—公元前476年）

奴隶社会经历了夏朝、商朝、西周和春秋时期。

随着生产力的进步，私有制的产生，社会出现了剥削阶级和被剥削阶级。原始社会逐步解体，奴隶社会开始形成。公元前21世纪，大禹的儿子启建立了夏朝，夏朝的建立，标志着奴隶制国家的产生。公元前16世纪，夏朝被商汤所灭。夏朝的建筑成就主要表现在如下几个方面。

（1）砖瓦的出现，对改善建筑室内环境起到积极作用。

（2）城池的营造，具有防御作用；沟洫的开凿，具有给水、排水的作用。

（3）城墙的修筑，一可防患水灾，二可抵御外敌入侵。

公元前16世纪，商朝建立，到公元前1046年，商朝灭亡。商朝的建筑成就主要体现在宫室的规划与营建上。从宫室布局上看，中国封建社会宫室常用的前殿后寝式格局和建筑群沿中央轴线作对称布局方法，在商朝晚期宫室规划中已经形成雏形。

公元前1046年至公元前771年为西周时期。西周的建筑成就主要反映在都城规划上。《周礼·考工记》中记载："匠人营国，方九里，旁三门，国中九经九纬，经涂九轨，左祖右社，面朝后市，市朝一夫。"这段话描述了理想的都城规划布局与结构，并为后世所沿用。

春秋时期经历了公元前770年至公元前476年，在这一时期的瓦在建筑上得到了普遍使用，出现了高台建筑，另外陵园不用围墙而用城隍作防卫。

（三）封建社会前期的建筑（公元前475年—公元589年）

封建社会前期经历了战国时期、秦汉两朝和魏晋南北朝时期。

战国时期是从公元前475年至公元前221年，这一时期城市建设成就显著，尤其是齐国临淄、赵国邯郸、燕国下都等国家的都城建设。

秦朝是从公元前221年至公元前207年，这一时期最著名的建筑莫过于阿房宫。晚唐时期著名诗人杜牧曾在《阿房宫赋》中对阿房宫有这样一段描述："覆压三百余里，隔离天日。骊山北构而西折，直走咸阳。二川溶溶，流入宫墙。五步一楼，十步一阁；廊腰缦回，檐牙高啄；各抱地势，钩心斗角。"可见，阿房宫气势雄浑，这体现出了秦朝当时高超的建筑艺术成就。除阿房宫外，秦始皇陵和秦长城也是秦朝建筑成就的杰出代表。

汉朝是从公元前202年至公元220年。这一阶段木构架建筑技术日趋成熟，其中斗拱已在建筑中普遍采用，制砖技术和拱券技术也得到快速发展。陵墓建筑制度在这一时期也有所创新，出现了凿山为陵，同时安置了许多陪葬墓，它们被称为"陪陵"，如著名的茂陵就被称为"中国的金字塔"。在城市建设方面，其中以汉长安、东汉洛阳和曹魏邺城的建设成就尤其突出。

魏晋南北朝时期是从公元220年至589年，建筑成就主要体现在佛教建筑和园林艺术上。

北魏时期洛阳永宁寺楼阁式木塔、河南登封嵩岳寺密檐式砖塔是寺院建筑的典型代表。大同云冈石窟、洛阳龙门石窟、太原天龙山石窟等是这一时期石窟艺术珍品，如图2-19～图2-22所示。

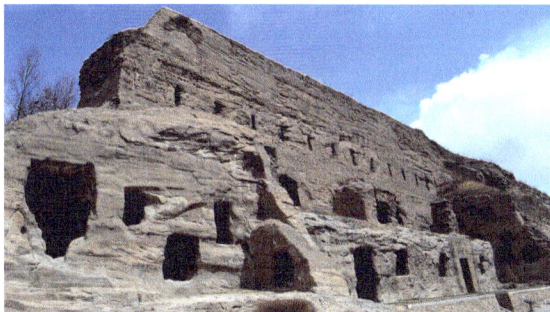

图2-19　大同云冈石窟1

图2-20　大同云冈石窟2

魏晋南北朝时期是我国古典园林发展的转折期，园林艺术特色主要体现在以下几个方面：（1）在以自然美为核心的时代美学思潮影响下，古典风景式园林由再现自然发展到表现自然，由单纯模仿自然山水发展到对自然山水加以概括、提炼、抽象化和典型化；（2）园林的狩猎、求仙等功能基本消失或仅保留象征意义，游赏活动成为主导或唯一功能，人们更加追求视觉景观的美的享受；（3）私家园林兴起，一种是以贵族、官僚为代表的崇尚华丽、争奇斗艳的建筑形式，另一种是以文人名士为代表的表现隐逸、追求山林泉石之怡性畅情的建筑形式；（4）皇家园林的建设纳入都城的总体规划中，大内御苑居于都城中轴线上，成为城市中心的组成部分；（5）建筑作为造园要素，与其他自然要素相搭配，取得了较密切的协调关系。

图2-21　洛阳龙门石窟

图2-22　天龙山石窟

（四）封建社会中期的建筑（公元589年—公元1279年）

封建社会中期经历了隋唐两朝、五代十国时期和宋、辽、金并立时期。

隋代（581年—618年）的建筑成就主要反映在城市建设上，隋大兴城是我国古代规模最大的都城，都城布局、城市轮廓和东汉洛阳相似，功能分区清晰。唐代在隋大兴城的基础上加以扩建，改名为长安，整个长安城规模宏大、规划严整，对当时日本的城市建设产生了深远影响。

唐代（618年—907年）的佛教建筑十分兴盛。例如，位于山西五台县的佛光寺大殿，面阔七间，进深四间，屋顶采用庑殿顶，结构上有金箱斗底槽做法，被我国著名建筑学家梁思成先生誉为"中国第一国宝"；再如，位于山西五台县西南的南禅寺大殿（见图2-23）是中国现存最早的木构大殿、位于四川乐山市的乐山大佛是唐代石窟造像中的艺术精品。说起唐代的陵墓建筑，当属乾陵最为著名。乾陵是全国乃至世界上唯——座夫妻都是皇帝的合葬陵墓，陵墓位于陕西咸阳市梁山上，气势雄伟。曾有这样的诗句描绘该陵墓："千山头角口，万木爪牙深。"在皇家园林建筑规划上，唐代大明宫、兴庆宫最具特色。

（a）

（b）

图2-23　山西五台县南禅寺大殿模型　黄敏健 李宇春 张磊 吴浩 方君毅 陈雅 林飞 包姗姗 张少辉

五代十国时期（907年—960年）是一个多战乱、大割据时代，这一时期的苏州园林有所发展，其中最著名的建筑有苏州虎丘云岩寺塔、杭州保俶塔等。

宋、辽、金并立时期（960年—1279年）建筑方面的成就主要反映在城市规划、佛教建筑和建筑理论上。宋代的都城汴梁建设打破了唐代的里坊制度，沿街设肆，形成开放城市。例如，平江城中的坊，不设坊门和坊墙。辽代时期建造的山西应县佛宫寺释迦塔（见图2-24、图2-25）是我国现存的唯一最古老、最完整的木塔。三大辽代寺院分别是：辽宁义县奉国寺、河北蓟县独乐寺和山西大同华严寺。山西太原晋祠中的献殿建于金大定八年（1168年），面阔三间、进深两间，是晋祠三大国宝建筑之一。北宋时期官方颁布了《营造法式》，作者李诫，这是我国现存年代最早、最完整的建筑技术书籍。

图2-24　应县佛宫寺释迦塔

图2-25　佛宫寺释迦塔细部

（五）封建社会后期的建筑（公元1279年—公元1911年）

封建社会后期经历了元、明、清三代。

元代（1279年—1368年）永乐宫位于山西芮城，在建筑结构上采用宋、辽、金并立时期的"减柱造"。妙应寺白塔是我国年代最早、规模最大的一座元代藏传佛教塔，是元大都保留至今的重要标志。

明代（1368年—1644年）建筑成就主要体现在宫殿、陵墓、园林、住宅等诸多方面。北京故宫建筑群规划就是在明代建成，是明清两朝的皇宫。明十三陵是明代十三位帝王的陵墓群，位于北京西北昌平县境内，从建筑设计手法上看，陵墓群注重相地，采用虚实结合手法，强调建筑与雕塑的结合。拙政园和留园是明代江南园林，园林在叠山理水方面独具特色，建筑体量适宜，造型丰富。明末造园家计成著有《园冶》，系统地总结了我国古代造园方法与实践经验。明代住宅以古徽州民居为代表，包括有现在的黟县、歙县、休宁、祁门、绩溪、婺源六县古民居，如图2-26～图2-31所示。

图2-26　故宫建筑群

图2-27　天坛

图2-28　拙政园内的见山楼

图2-29　安徽黟县古民居

图2-30　苏州留园中的建筑景观1

图2-31　苏州留园中的建筑景观2

清代（1644年—1911年）是我国古代封建社会最后一个朝代，其建筑成就举世瞩目。宫殿建筑最具代表的有作为皇帝行宫的承德避暑山庄等。民居建筑方面最具代表的有北京四合院、山西灵石县王家大院、山西祁县乔家大院等。北京四合院的建筑格局带有封建家长制，空间尺度适中，主要受风水思想影响。王家大院规模宏大，装饰精美，被称为"中国民居艺术馆"。乔家大院又名"在中堂"，是清代著名商业金融资本家乔贵发的宅第。建筑理论方面最具代表的是雍正年间颁布的《清工部工程做法则例》，这是清代宫廷建筑的法规，如图2-32和图2-33所示。

图2-32　王家大院建筑群

图2-33　乔家大院

第二节
中国近现代建筑简史

一、中国近代建筑

1840年鸦片战争开始，中国进入半殖民地半封建社会，从而开启了中国近代建筑发展历程。

中国近代建筑大体上分为三个时期：19世纪中叶至19世纪末、19世纪末至20世纪30年代末和20世纪30年代末至40年代末。

（一）19世纪中叶至19世纪末

19世纪中叶至19世纪末是中国近代建筑发展的早期。该时期虽然在广州、厦门、福州、宁波、上海等通商口岸城市中的新城区出现了早期的外国领事馆、工部局、银行、商店、工厂、仓库、饭店、俱乐部和洋房住宅等建筑，但新建筑在类型上、数量上、规模上却很有限。该时期的建筑标志着中国建筑开始突破固步自封的状态，迈开了现代转型的初始步伐，随后通过西方近代建筑的被动输入和主动引进，近代中国新建筑体系逐步形成。

（二）19世纪末至20世纪30年代末

19世纪末至20世纪30年代末的建筑类型种类有所发展，民用建筑与工业建筑已基本齐备，水泥、玻璃、机制砖瓦等建筑材料的生产能力也有明显提升。另外，近代建筑工人的队伍也壮大了。20世纪20年代，近代中国新建筑体系形成。1927年—1937年，近代建筑活动进入繁荣期，如图2-34所示。

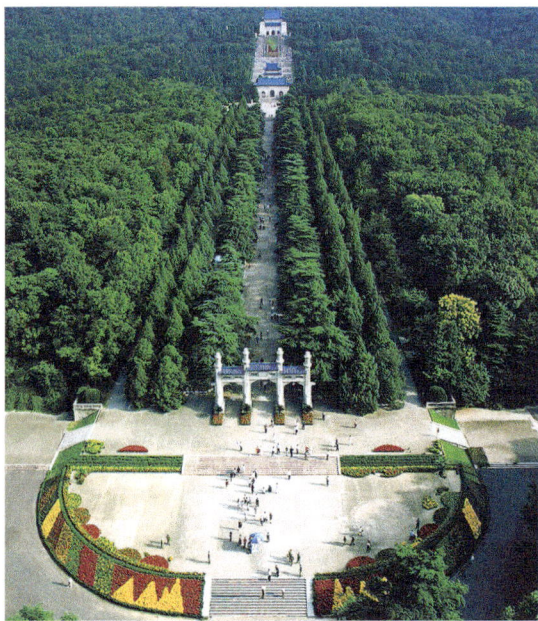

图2-34 南京中山陵园（1929年建成）设计者：吕彦直

（三）20世纪30年代末至40年代末

1937年到1949年年间，中国由于经历了抗日战争和内战，其战争持续了12年之久，因而，建筑活动很少。但是，著名建筑学家梁思成先生，却为保护历史建筑做出了不懈努力。总之，这一时期是近代中国建筑活动的停滞期。

二、中国现代建筑

自1949年10月新中国成立后的几十年的历史中，中国建筑的发展经历了两个时期。第一个时期由于历史环境的原因，中国人民不得不依靠自身力量去完成与建立国家工业基础的任务，因此该时期被称为自律时期；第二个时期自20世纪70年代末开始，因为国家实行改革开放，中国进入转型期，即开放时期。

自律时期划分为四个阶段，即百废初兴阶段、复兴与探索阶段、再探索与挫折期和全面倒退与局部突破时期。在自律时期的建筑发展中，尤其需要关注的是：在1959年10月，即我国新中国成立10周年之际，北京兴建起一系列建筑，如人民大会堂、中国革命博物馆与中国历史博物馆（两馆属同一建筑内，即现在的中国国家博物馆）、中国人民革命军事博物馆、农业展览馆、民族文化宫、北京火车站、工人体育场、钓鱼台国宾馆、华侨大厦、民族饭店建筑，即"十大国庆建筑"。这些建筑凝结了当年建筑师的智慧与汗水，也显示出了当时中国建筑艺术与技术的最高成就。

开放时期的建筑设计水平迅速发展，再加上外国的建筑技艺对中国建筑的影响，从而促使中国建筑设计的多元格局逐渐形成。这一时期的建筑代表作非常多，其中有美国华裔建筑大师贝聿铭设计的香山饭店、美国SOM设计事务所设计的上海金茂大厦等建筑，如图2-35和图2-36所示。

图2-35　北京香山饭店一景（1982年建成）

图2-36　上海金茂大厦（1999年建成）

第三节
西方古代建筑简史

一、古希腊建筑

古希腊建筑以神庙建筑最为发达，其对后续建筑最大的影响就是它的建筑形式，即用梁、柱围绕建筑主体，形成一圈连续的由围廊、立柱、梁枋和山墙共同构成的建筑立面。经过几个世纪的发展，其建筑形式逐渐形成了以多立克、爱奥尼、科林斯为主的三种柱式，如图2-37所示。

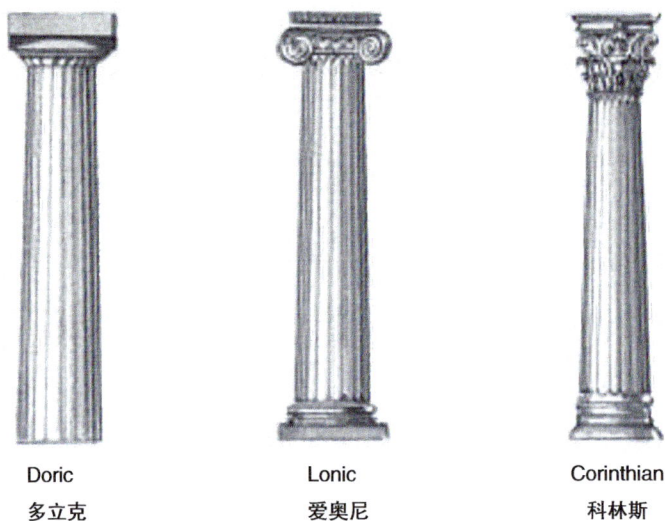

Doric
多立克

Lonic
爱奥尼

Corinthian
科林斯

图2-37 古希腊三种柱式

（一）多立克柱式

多立克柱式是古希腊建筑中最基本的柱式，它的主要特征是没有独立的柱基，立柱被直接安置在台基之上。柱式较高，表面是一条条的垂直平行的凹槽，凹槽从柱子的底部直延伸至柱身顶端，柱头没有多余的装饰，仅由圆板和方板组成。多立克柱式的造型特点是粗壮有力，体现出了男性深厚刚毅的力感。

（二）爱奥尼柱式

爱奥尼柱式的主要特征是有柱基，柱头的正面和背面都有一对涡卷，柱高与柱径的比例增大，柱身凹槽也增多，体现出了女性的柔美。

（三）科林斯柱式

科林斯柱式是在爱奥尼柱式的基础上发展而来的，主要特征是柱头上的涡卷被雕饰成毛茛叶型，显得十分高贵华丽，而柱式的其他部分与爱奥尼柱式基本一致。

古希腊时期的代表建筑是雅典卫城建筑群，雅典卫城包括山门、胜利女神庙、帕特农神庙、伊瑞克提翁神庙和雅典娜铜像。雅典卫城的布局继承并发展了古希腊民间自然圣地自由活泼的布局方式，不仅巧妙地利用了地形，同时又考虑了观赏者的视角，是古希腊建筑中的杰出代表，如

图2-38所示。

图2-38 雅典卫城中的主要建筑

二、古罗马建筑

古罗马建筑继承了古希腊建筑的柱式，并在建筑结构技术方面取得了很大的成就，创造了与拱券结构相结合的柱式建筑。古罗马建筑的发展得益于罗马帝国强大的国家实力和经济基础，从而创造了一系列新的建筑类型。除了建筑形式的推陈出新，建筑理论及相关著作也应运而生。罗马的建筑大师维特鲁威的理论著作《建筑十书》，在总结前人经验的同时，首先提出了具有深远意义的建筑三要素：实用、坚固、美观，该三要素奠定了西方数百年建筑艺术发展的理论基础。

古罗马时期的代表建筑是罗马万神庙和罗马大角斗场。

罗马万神庙是罗马帝国时期最为壮观的神庙建筑，由阿格里帕主持修建，最初建于公元前27年，后因遭雷击破坏，于公元120至124年重建。万神庙的圆形大殿因其宏大的规模和精巧的建筑结构闻名于世，其结构技术相当高超，如图2-39所示。

罗马大角斗场是罗马帝国时期最著名的建筑，建于公元70年至82年，是专门供奴隶主阶级和平民观看角斗和斗兽以及其他游戏而建造的，外观呈椭圆形，所以又被称为"大斗兽场"或"大圆剧场"。整个角斗场分为四层，在下三层中，每一层的柱子都不一样，一层比一层轻巧、华丽，这体现了古罗马建筑艺术在当时所达的水平，如图2-40所示。

图2-39　罗马·万神庙

图2-40　罗马·大角斗场

◤ 三、中世纪建筑

中世纪是指从公元5世纪—15世纪大约1000年的时间，这个时期的建筑以宗教建筑为主，代表作主要有罗马式建筑、拜占庭式建筑、哥特式建筑。

（一）罗马式建筑

罗马式教堂采用从巴西里卡式演变过来的平面结构形式，在建筑结构上广泛采用拱券式，创造出复杂的骨架体系建筑拱顶。教堂的前后一般都配以碉堡式的塔楼，后来塔楼逐渐固定在西面正门的两侧，成为罗马式建筑的标志之一。教堂的内部装饰主要使用绘画和雕塑，代表性的建筑有意大利的比萨大教堂，如图2-41所示。

图2-41　比萨大教堂

（二）拜占庭式建筑

拜占庭式建筑主要是罗马晚期艺术形式与东方艺术形式相结合的产物，它们既有西方艺术的博大精深，又融合了浓厚的东方韵味。罗马早期的宗教建筑主要沿用罗马陵墓圆形或多边形的平面结构和万神庙的圆穹顶，到了中期，建筑较多采用古希腊正十字式的平面结构，取代了之前圆形和多边形的形式。拜占庭式建筑的特点是善于利用较高的屋顶、较大的窗户和轻薄的墙体。其代表性建筑是君士坦丁堡的圣索菲亚大教堂，如图2-42所示。

图2-42　圣索菲亚大教堂

（三）哥特式建筑

　　哥特式建筑将罗马式建筑中的拱券进行了改良，创造出富有骨架感的曲型拱，并在曲拱的基础上安置高耸的尖顶柱式，使得各个建筑的高度不断被刷新，人在建筑内部也能够产生一种升华感，彰显出了宗教建筑的意义。哥特式建筑内部几乎没有墙壁，骨架间是高大的窗户，建筑内部采光充足，配以彩色玻璃花窗，营造出绚烂的感觉。其代表性建筑有法国的巴黎圣母院和德国的科隆大教堂，如图2-43和图2-44所示。

图2-43　科隆大教堂

图2-44　巴黎圣母院

四、文艺复兴时期建筑

欧洲的文艺复兴是世界历史发展的一个重要时期。文艺复兴建筑最明显的特征就是对中世纪时期的哥特式建筑风格的扬弃，而在宗教和世俗建筑上重新采用古希腊和古罗马时期的建筑样式。可以说，文艺复兴时期的建筑，很好地继承和发展了古希腊和古罗马的建筑法则。

文艺复兴时期的建筑墙体设计有两个表现形式：第一，在结构方面必须化繁为简；第二，建筑外观必须是简单的几何造型。屋顶支承多采用筒形穹顶，而不是交叉穹顶，这就更加符合外观和结构上的要求。因此，这时期的建筑物多采用立方体或六面体的简洁几何造型。

文艺复兴时期的代表性建筑有罗马的坦比哀多神堂、罗马的圣彼得大教堂、圆厅别墅和巴西里卡等，如图2-45～图2-48所示。

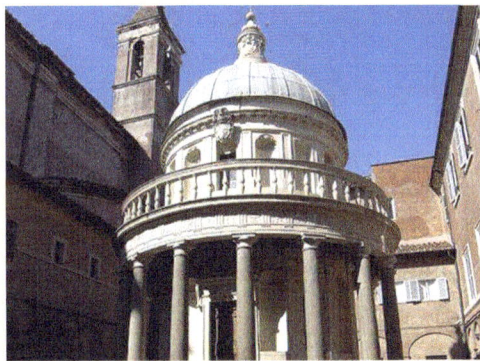
图2-45 坦比哀多神堂

图2-46 圣彼得大教堂

图2-47 圆厅别墅

图2-48 巴西里卡

（一）巴洛克建筑

巴洛克建筑是17世纪至18世纪在文艺复兴时期的建筑基础上发展而来的一种建筑和装饰风格。巴洛克原意是"畸形的珍珠"，其建筑特点表现为自由的外形，富丽的装饰和雕刻，强烈的色彩，趋向自然以及相互穿插的曲面和椭圆形空间。巴洛克风格打破了人们对古罗马建筑理论家维特鲁威的盲目崇拜，也冲破了文艺复兴晚期古典主义者制定的种种规定，反映了向往自由的世俗思想。其代表性建筑是波洛米尼设计的圣卡罗教堂，如图2-49所示。

图2-49　圣卡罗教堂

（二）洛可可建筑

洛可可式建筑是在巴洛克建筑的基础上发展起来的，于18世纪20年代产生于法国，后流行于欧洲。其基本特征为纤弱温柔、精巧华丽、纷繁琐细。洛可可式建筑影响了巴洛克那种雄伟的宫殿建筑，创造出了轻巧建筑结构的花园式府邸。其最具代表性的建筑是丹麦王宫，如图2-50所示。

图2-50　丹麦王宫

第四节
西方近现代建筑简史

一、18—19世纪的建筑

（一）古典主义建筑

古典主义建筑出现于法国，并以法国为中心向欧洲其他各国传播，后来又影响到世界其他地区。古典主义建筑在宫廷建筑、纪念性建筑和大型公共建筑中采用最多，目前世界各地许多古典主义的建筑作品至今仍然受到赞美。19世纪末和20世纪初，随着社会条件的变化和建筑自身的发展，古典主义逐渐被其他建筑形式所替代，但是古典主义建筑中的许多设计手法和表现形式仍然被一些建筑师所采纳。

最具代表性的古典主义建筑是法国凡尔赛宫和卢浮宫。

凡尔赛宫为古典主义风格建筑，立面为标准的古典主义三段式处理，并被划分为纵、横三段，建筑左右对称，造型轮廓整齐、庄重雄伟，被称为是理性美的代表。凡尔赛宫宏伟壮丽的外观和严格规则化的园林设计是法国封建专制统治鼎盛时期古典主义思想所产生的结果，几百年来欧洲皇家园林几乎都遵循这样的设计原则，如图2-51所示。

图2-51 凡尔赛宫

卢浮宫体现古典主义建筑设计的理论，批判巴洛克建筑；推崇简洁和谐，崇尚比例美；尊重柱式建筑，反对非柱式建筑；突出轴线，讲求对称；强化封建主义等级制的政治观念，如图2-52所示。

图2-52 卢浮宫

（二）新古典主义建筑

18世纪60年代到19世纪，欧美一些国家流行一种古典复兴建筑风格。当时，人们受到思想启蒙运动的影响，大量的古希腊和古罗马建筑的艺术珍品被考古出土，于是出现了古典主义建筑风格的新形式。这种风格的建筑多见于银行、博物馆、剧院等公共建筑和一些纪念性建筑。

最具代表性的新古典主义建筑是圣彼得堡海军部大楼。海军部大楼长约400米，整座建筑被划分为三个横向区域，每个区域又做三段划分。大楼居高临下俯视着彼得大帝的船坞，其尖顶上的护卫舰形状的风标已成为这座城市的标志，如图2-53所示。

图2-53 圣彼得堡海军部大楼

（三）浪漫主义建筑

浪漫主义建筑是18世纪下半叶到19世纪下半叶，在欧美一些国家文学艺术中出现的浪漫主义思潮影响下而流行的一种建筑。浪漫主义在艺术上强调个性，提倡自然，主张用中世纪的艺术风格与学院派的古典主义艺术相抗衡。

最具代表性的浪漫主义建筑是英国国会大厦。英国国会大厦是浪漫主义的典型代表，位于伦敦泰晤士河西岸的威斯敏斯特宫，是英国国会上下两院的所在地，又被称为国会大厦。国会大厦气势雄伟、外貌典雅，是世界最大的以浪漫主义为主的哥特式建筑物，如图2-54所示。

（四）折衷主义建筑

折衷主义建筑是19世纪上半叶至20世纪初，在欧美国家流行的一种建筑。折衷主义建筑师任意模仿历史上各种建筑风格，或自由组合各种建筑形式，他们不讲究固定的方式，只讲究比例均衡，注重纯形式美。折衷主义建筑在19世纪中叶以法国最为典型，巴黎高等艺术学院是当时传播折衷主义艺术和建筑的中心。而在19世纪末和20世纪初期，则以美国最为突出。折衷主义建筑思潮相对保守，没有结合新的建筑材料和新的建筑技术去创造相适应的新形式建筑。

图2-54 英国国会大厦

最具代表性的折衷主义建筑是巴黎歌剧院。歌剧院建造于1861年，其建筑将古希腊、古罗马的柱式形式，巴洛克的装饰表达，新古典主义的对称方式等几种建筑形式结合在一起，规模宏大、精美细致、金碧辉煌，被誉为是一座集绘画、大理石和金饰于一体并交相辉映的剧院，如图2-55所示。

图2-55 巴黎歌剧院

二、现代主义建筑

（一）工艺美术运动

工艺美术运动 是19世纪下半叶起源于英国的一场设计改良运动。工艺美术运动对芝加哥建筑学派的产生有较大影响。其代表性建筑是红屋，位于英国伦敦郊区肯特郡的住宅，由威廉·莫里斯和菲利普·韦伯合作设计，是工艺美术运动时期的代表性建筑。红屋的红砖表面没有任何装饰，极具田园风格，是19世纪下半叶最有影响力的建筑之一。红屋是英国哥特式建筑和传统乡村建筑的完美结合，摆脱了维多利亚时期烦琐的建筑特点，首要考虑功能需求，自然、简朴、实用，如图2-56所示。

图2-56 红屋

（二）新艺术运动

新艺术运动主张创造一种不同以往的、能适应工业时代要求的简化装饰，反对传统纹样，其装饰主题是模仿自然界生长的草木而形成的线条，并大量使用曲线的铁艺，创造出了一种能适应工业时代要求的简化装饰。

其代表性建筑有霍塔旅馆。霍塔旅馆打破了古典主义的束缚，利用钢铁作为建筑材料，外观装饰上布满曲折的线条，色彩也比较协调柔和、空间通畅开放，与传统封闭的空间截然不同，如图2-57和图2-58所示。

图2-57　霍塔旅馆外观

图2-58　霍塔旅馆内部装饰

（三）德国工业同盟

德国工业同盟，全称"德意志工业同盟"，1907年在德国倡议成立。该工业同盟是世界上第一个官办的设计促进中心，在德国有着举足轻重的地位。工业同盟旨在提高产品的质量，公开追求商业目的。它奠定了德国产品重视质量的传统，是德国现代设计的开端。

其代表性建筑有德国通用电气公司透平机车间，如图2-59所示。

图2-59　通用电气公司

（四）包豪斯

1919年创办的包豪斯是在德国成立的一所设计学院，也是世界上第一所完全为发展设计教育而建立的学院。该建筑由著名建筑家、设计理论家格罗皮乌斯创建，经过了十几年的发展成为集欧洲现代主义大成的中心，并将欧洲现代主义提高到了一个空前的高度。包豪斯经历了由格罗皮乌斯任校长的魏玛时期、汉斯·迈耶任校长的德绍时期，以及密斯·凡·德罗任校长的柏林时期。尽管包豪斯在1933年关闭，但它为欧洲的近现代艺术设计做出了一系列重大的创造性贡献，且因包豪斯的教育体系而形成的全球性影响是不可估量的。

其代表性建筑有包豪斯校舍。包豪斯校舍由包豪斯的创始人格罗皮乌斯于1925年设计。包豪斯校舍的形体与空间布局自由，不仅按功能分区，而且又按使用关系相互连接，是一个多轴线、多入口、多体量、多立面的建筑物；按照各部分不同的功能选择不同的结构形式，极力推崇新材料，反对多余的装饰，采用钢筋混泥土的楼板和承重砖墙的混合结构，是功能要求与形式完美统一的经典之作，如图2-60所示。

图2-60　包豪斯

三、后现代主义建筑

（一）后现代主义

后现代主义是对现代主义和国际主义的一种批判性发展，主张用装饰手法来满足人们的视觉感受和精神功能，注重设计形式的变化和设计中的文化，以及建筑语言具有的内涵，如"隐喻""象征"多义"等。

其代表性建筑有美国新奥尔良市的意大利广场和悉尼歌剧院。新奥尔良市的意大利广场是美国后现代主义建筑设计的代表性作品之一，由查尔斯·穆尔设计。美国新奥尔良市是意大利移民比较集中的城市，整个广场以地图模型中的西西里岛为中心，铺地材料也以同心圆的形状铺设。广场有两条通路与大街连接，一个进口处为拱门，另一处为凉亭，都与古代罗马建筑相似，如图2-61所示。

图2-61 意大利广场

悉尼歌剧院位于澳大利亚的首都悉尼，由约翰·伍重设计。悉尼歌剧院不仅是20世纪最具特色的建筑之一，也是世界著名的表演艺术中心，目前已成为悉尼市的标志性建筑，如图2-62所示。

图2-62 悉尼歌剧院

（二）高科技风格

高科技风格强调精细的技术结构，讲究现代工艺及现代材料的运用，一般将现代主义设计中的技术成分提炼出来加以夸张处理，使之形成一种特定的符号，以赋予建筑更高的美学价值。

其代表性建筑有法国蓬皮杜文化中心。法国蓬皮杜文化中心位于法国巴黎，由理查·罗杰斯于1977年设计。这个建筑充分暴露建筑材料，直接把建筑材料、建筑结构作为建筑的装饰，并将这种装饰手法运用到这个建筑的外部和内部空间中，如图2-63所示。

图2-63　蓬皮杜文化中心

四、新现代主义建筑

在后现代主义发展的同时，仍然有设计师在积极推崇现代主义，并将现代主义与新时期、新思想、新材料、新工艺相结合，形成了"新现代主义"的建筑风格。新现代主义除了仍然坚持现代主义的传统风格外，还根据新的需要赋予现代主义新的意义，但其终究是现代主义的继承和发展，仍是继续坚持理性主义、功能主义、简约主义的建筑风格。

其代表性建筑有卢浮宫水晶金字塔。卢浮宫水晶金字塔位于法国巴黎卢浮宫广场，由著名的美籍华裔建筑大师贝聿铭设计。金字塔没有复杂的装饰，造型语言简洁明快，遵循了功能主义和理性主义的基本原则；在满足功能需求的同时，又赋予造型象征意义的内容。金字塔注意建筑与周边环境的协调，注重建筑的历史性和文明象征性，如图2-64所示。

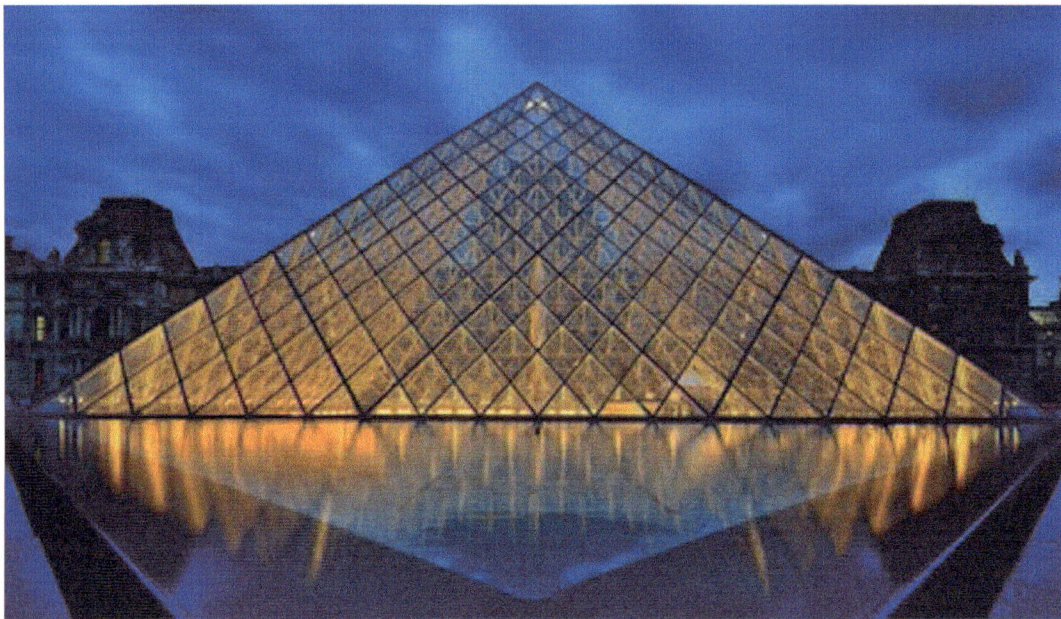

图2-64　卢浮宫水晶金字塔

本章小结

本章主要讲述了中西方古代建筑主要发展时期的建筑特征与代表作，中西方近现代时期主要的建筑运动、建筑风格及代表作。同学们在学习本章时需记住每个建筑时期的代表作及其特征。

本章思考题

1. 理解中国建筑史中的常用建筑术语的含义。
2. 请归纳中国古代主要朝代的建筑艺术发展成就。
3. 请归纳中国近代建筑发展所经历的阶段和现代建筑艺术成就。
4. 请列举西方古代建筑史中主要发展时期的建筑代表作品。
5. 口述西方近现代建筑史中的主要建筑运动及其代表作。

第 三 章

小型建筑方案设计方法解析

本章课程概述 本章从建筑设计基本术语入手，分析小型建筑方案设计特点与方法，概括小型建筑方案设计的一般程序，列举小型建筑方案设计实例进行解析。

本章学习目标 理解常用的建筑术语，掌握小型建筑方案设计特点与方法，具备手绘抄图与制图的能力。

本章教学重点 理解常用的建筑术语，具备手绘抄图与制图的能力。

第一节
建筑设计的常用术语

（一）容积率

容积率又称建筑面积毛密度，是项目用地范围内地上的总建筑面积，还必须是正负0标高以上的建筑面积与项目总用地面积的比值。容积率的值是无量纲的比值，通常以地块面积为1，地块内地上建筑物的总建筑面积对地块面积的倍数即为容积率的值。

现行城市规划法规体系下编制的各类居住用地的控制性详细规划一般容积率，如表3-1所示。

表3-1   各居住建筑类型的容积率

居住建筑类型	容积率
独立别墅	0.2~0.5
联排别墅	0.4~0.7
6层以下多层住宅	0.8~1.2
11层小高层住宅	1.5~2.0
18层高层住宅	1.8~2.5
19层以上住宅	2.4~4.5

（二）得房率

得房率是指可供住户支配的面积（也就是套内建筑面积）与每户建筑面积（也就是销售面积）之比。

得房率是买房比较重要的一个指标。得房率与建筑面积相关，得房率太低不实惠，太高又不方便。因为得房率越高，公共部分的建筑面积就越少，住户也会感到压抑。一般得房率在80%左右比较合适，分摊的公共部分建筑面积也比较宽敞气派。

（三）套内建筑面积

套内建筑面积=套内使用面积+套内墙体面积+阳台建筑面积。

（四）销售面积

销售面积=套内建筑面积+分摊的公用建筑面积。

（五）建筑密度

建筑密度即建筑覆盖率指项目用地范围内所有基底面积之和与规划建设用地之比。

（六）绿化率

绿化率是指规划建设用地范围内的绿地面积与规划建设用地面积之比。

（七）建筑高度

建筑高度是指建筑屋面最高檐口底部到室外地坪的高度。建筑高度的计算应符合下列规定：（1）烟囱、避雷针、旗杆、风向器、天线等在屋顶上的突出构筑物不计入建设高度；（2）楼梯间、电梯塔、装饰塔、眺望塔、屋顶窗、水箱等建筑物之屋顶上突出部分的水平投影面积合计小于屋顶面积的20%，且高度不超过4m的不计入建筑高度；（3）建筑为坡度大于3度的坡屋顶建筑时，按坡顶高度一半处到室外地平面来计算建筑高度。

（八）用地红线

用地红线是指各类建筑工程项目用地的使用权属范围的边界线。边界线围合的面积就是用地范围。如果征地范围内无城市公共设施用地征地范围，即为用地范围；征地范围内如有城市公共设施用地，如城市道路用地或城市绿化用地，则扣除城市公共设施用地后的范围就是用地范围。

（九）建筑红线

建筑红线由道路红线和建筑控制线组成。道路红线是城市道路、含居住区级道路用地的规划控制线，建筑控制线是建筑物基底位置的控制线。基地与道路邻近一侧一般以道路红线为建筑控制线，如果因城市规划需要，主管部门可在道路线以外另订建筑控制线，一般称后退道路红线建造。任何建筑都不得超越给定的建筑红线。

第二节
小型建筑方案设计的特点与基本方法

一、小型建筑方案设计的特点

建筑设计根据设计深度的不同，可划分为概念设计、方案设计、初步设计、扩大初步设计和施工图设计五种设计形式。环境设计专业的学生在学习建筑设计时，主要集中于概念设计和方案设计的训练上；建筑学专业的学生则更多地集中于方案设计和施工图设计上。建筑方案设计在建筑设计过程中的作用是不言而喻的，它直接关系着设计的成败，同时也是施工图设计的基础。

（一）小型建筑方案设计创造性强

小型建筑方案设计的过程是设计者创造性思维的过程，这个过程需要设计者有较强的三维空间想象力和灵活开放的思维力，并且将所有的建筑设计条件、要求转化为可视化的建筑形象。在此特别需要强调的是，建筑方案设计不仅仅是对建筑外观的设计。设计者在面对不同属性的建筑时，各种各样的建筑功能和错综复杂的地理环境，必须使建筑形象与建筑功能、地域特色、建筑材料、建筑结构等要素进行整体设计，这样才能解决具体的设计问题。这要求设计者表现出较强的创造力和解决实际问题的能力。

（二）小型建筑方案设计综合性强

就一个真实的小型建筑方案设计的过程而言，除了需要建筑学专业的设计师外，还需要结构专业、暖通专业、给排水专业、电气专业等工程人员的协调与配合。建筑设计本身是一个综合性很强的创作活动，所涉及的知识领域较广，与特定的社会物质生产和科技水平也有着密切联系。

从另一个角度上看，小型建筑方案设计离不开数学、心理学、人机工程学、艺术学、民俗学、色彩学、材料学、经济学、物理学等学科知识，因此，小型建筑方案设计本身具有较强的综合性。

（三）小型建筑方案设计逻辑性强

小型建筑方案设计是一个逻辑性强的思维活动，它是一个"调查研究——构思设计——比较选择——深化设计——比较选择——再深化设计"循环发展的过程。建筑设计者每一轮对方案的比选和深化设计，都是对建筑方案的再修改和再完善的过程。整个设计过程具有很强的逻辑性，同时，建筑设计者应具有较强的形象思维能力，需将设计创意转变为设计图纸，然后用可视化的图纸表达自己的设计意图。因此，建筑设计师应具有逻辑思维和形象思维的能力，不可偏废。

（四）小型建筑方案设计表现力强

小型建筑方案设计的成果最终需要建筑设计者通过图纸甚至模型展示出来，设计图纸不仅需要让从事本专业的人员理解与接受，而且也能让"门外汉"所能接受。所以，在表达图纸时往往会有减租方案效果图的展示，甚至是建筑实体模型或是建筑虚拟模型或场景动画的展示。这样的展示手段具有强烈的视觉冲击力和直观性，便于人们快速理解方案的设计意图。

二、小型建筑方案设计的基本方法

学习方案设计是初学者进行小型建筑设计必须经历的阶段。小型建筑方案设计要求初学者能够对方案总体环境协调、建筑空间的功能组合、建筑结构选型、建筑材料与施工方式等因素进行综合分析与设计，创造出较为理想的建筑空间与形象，并能符合环境要求。

（一）学会阅读建筑文献

对于建筑设计初学者来说，学习前人的经验是很有必要的。初学者可以多看建筑方案设计方面的书和期刊，也可以通过学习建筑历史了解不同时期不同的建筑风格与特色，以及建筑师在建筑设计中所运用的设计手法与设计理念。例如，在这些文献中还有与建筑相关的图纸，初学者可以想象和体验建筑作品的空间感觉，获得建筑的整体印象。

初学者注重从建筑产生的背景、建筑与场地的关系、建筑功能组织、交通流线组织、形体特征、空间特点、结构形式、建筑立面与剖面进行分析，研究建筑的产生、建筑艺术的具象化、建筑师的组织功能和空间手段，以及运用体量、形状、光影、材料、色彩、肌理等要素表达建筑情感。

（二）注重建筑的立意

我们设计的目标应该是创作有意义的建筑空间与形式，用一个真正能打动你自己的东西把功能和流线组织起来，然后是投入最多的精力创作有意义的内核。有用且有意义是建筑区别于其他艺术之处。日本建筑师安藤忠雄对于"什么是真正的建筑"的解释是：当建筑的实用功能已逝，还吸引着人们千里迢迢前去瞻仰的废墟。

设计是个思考的过程，建筑创作的过程常常被描绘成灵光一闪的继续，似乎只有少数有天分的人才能享受那稍纵即逝的感觉，并引向之后越来越清晰、越来越肯定的结果。想要得到那期待的一刻，就需依赖于打开视野的能力，以及超越专业领域的限制。也就是说，我们可以扩大兴趣的范围，即跨学科去感受和探索未知的新鲜事物，并将它们引入建筑设计中。我们对每时每刻的接触、观看、聆听、体味的感受，都可以通过视觉的、艺术的方式准确地表达出来。借助艺术形式之间的移位思考，将艺术知觉的过程抽象化和空间化，也可以成为建筑设计的一种手段。

（三）草图的不断深化发展

电脑软件的深度研发和广泛应用大大拓展了建筑设计的广度与深度，但经验告诉我们，对于第一个课程设计的学习来说，手工操作的草图仍是设计者入门最合适的工具。从二维到三维、从片段到整体的建筑设计，以及将设计方案在脑子里全尺寸地建造所需要的尺度感的建立，是需要通过现场感受和后天经验的积累慢慢习得的。

草图的过程既是设计表达的一部分，也是设计构思的一个内容，不断生成的草图还会对构思产生刺激。开始的时候运用图解分析，如泡泡图、系统图等来理清功能空间的关系，随后运用二维的平面草图与剖面草图来初步构思方案的内部功能与空间形象。由想象得到的形象是不稳定和易变的，只有将它视觉化地记录下来，才能实现真正的形象化。不同阶段的草图按比例层层推进，不同比例的草图一定程度上规范了不同梯级的尺度里的不同设计深度和设计内容。草图的过程使问题简化并且逻辑清晰，便于初学者掌控。草图在视觉上是潦草和粗略的，但其中蕴涵着可以发展的各种可能。利用软铅笔相对模糊的线条可以忽略细节，使设计从大局入手，快速地定下一些大的方面，同时不至于抹杀某些不明确和不肯定的可能，并允许不确定因素的存在。

利用草图纸的半透明性，将草图纸蒙在前一张草图上勾画的过程，成为对设计发展甄别、选择、排除和肯定的过程。这样做既保留已经肯定下来的内容，又可以看出设计的进程，提高草图设计的效率，同时避免过早纠缠于细节而影响整体的思考。这些是设计开始阶段的重点，随着设计的深入，对精度的要求越来越高，这时有必要运用硬一些的铅笔进行描绘。显而易见，画草图的能力可以影响设计的进程，也是最容易掌握的方法。画草图的技能很大程度上可以促成概念的形成，对培养徒手轴测和透视草图的能力是有用的。

第三节
小型建筑设计的一般程序

小型建筑设计的一般程序：了解项目任务书要求——设计构思——心里有大概的建筑造型——逐步画平面图、立面图、剖面图及细部节点——绘制效果图。其中，绘制平面图、立面图和剖面图是设计的重点。

一、建筑平面图的绘制

（1）首先准备一张A2的绘图纸及相关绘图工具，并画出图框线，上、下、右各距离绘图纸边缘线1cm，左边距离绘图纸边缘线2cm（此为装订线区域）。

（2）根据图纸图幅、建筑物的用地总面积定出比例，然后根据比例确定图形的位置，注意构图，可在草图纸上先简单画出草图；再根据实际尺寸、比例绘出定位轴线及轴线符号，然后根据定位轴线画出墙体线，并结合门窗说明定出门、窗的位置，注意门、窗的规格及种类，绘出门、窗及门、窗的细部。

（3）按比例和尺寸绘制出室内家具布局，再绘出尺寸线，标出尺寸数字和文字说明。

（4）对整个平面图上墨线，上墨线时要注意墨线的用途、含义。在细节处理上一定要保持清醒的头脑，认真、仔细地确保准确无误。

二、建筑立面图的绘制

立面图的绘制和平面图的绘制方法相差不大，同样是经过由简单到复杂、由概括到详细的过程。

（1）首先根据平面图的比例和图纸幅面，确定立面图在图纸上的绘图位置，注意构图，绘出横向定位轴线、立面图的外轮廓线、地面线、房间的层高线、窗户的外轮廓线，并进一步细化。

（2）其次要对建筑物的整体细部刻画，如阳台、窗台、窗户的分格、雨水管道、房顶、房檐等建筑细部。

（3）再次画出尺寸线、尺寸界线、标高符号、尺寸标注、文字说明等。

（4）最后上墨线，完成立面图的绘制。

三、剖面图的绘制

（1）认真查阅平面图，了解剖面图剖切位置，以及所涉及到的各层内容、建筑的内部布局，做到心中有数。

（2）根据平面图的比例，确定剖面图在图纸中的位置，注意构图，绘出定位轴线、外轮廓线、楼面线、女儿墙、门、窗等外轮廓线。

（3）进一步刻画各层门、窗、阳台、楼层、楼板等建筑细部。

（4）绘出尺寸线、标高符号、数字标注、文字说明等。

（5）绘制墨线，完成绘制。

第四节
小型建筑方案设计的实例解析

一、小型建筑方案设计项目任务书

1. 设计内容

拟在某城市景区公园或校园内新建一高档茶室。茶室以品茶为主，兼供简单的食品、点心，是客人交友、品茶、休憩、观景的场所，全天营业。

功能与面积分配：

（1）总建筑面积控制在150 ~ 300m² 内。

（2）营业厅：80 ~ 150m²。

（3）付货柜台与备品制作间：20m²。

（4）门厅：10m²。

（5）卫生间：10m²，男、女各一间

（6）库房：8m²。

（7）更衣室：10m²。

（8）办公室：10m²。

2．设计要求

（1）图纸内容。

① 总平面图：比例1∶500，全面表达建筑与原有地段的关系以及周边道路状况。

② 首层平面图：比例1∶100或1∶200，包括建筑周边绿地、庭院等外部环境设计。

③ 其他各层平面及屋顶平面图：比例1∶100或1∶200。

④ 立面图1个：比例1∶100或1∶200。

⑤ 剖面图1个：比例1∶100或1∶200。

⑥ 建筑效果图1个。

（2）图纸要求。

① 图幅规格：A2。

② 图线粗细有别，运用合理；文字与数字书写工整，宜采用手工工具作图，用彩色渲染。

③ 建筑效果图表现手法不限。

◀ 二、设计方案及绘制步骤解析

（1）首先准备一张A2的绘图纸及相关绘图工具，并画出图框线，上、下、右各距离绘图纸边缘线1cm，左边距离绘图纸边缘线2cm（此为装订线区域），如图3-1和图3-2所示。

（2）根据图纸图幅、建筑物的用地总面积定出比例，然后根据比例确定图形的位置，注意构图，可在草图纸上先简单画出草图；再根据实际尺寸、比例绘出定位轴线及轴线符号；之后，根据定位轴线画出墙体线，并结合门窗说明定出门、窗的位置，注意门、窗的规格及种类，绘出门、窗及门、窗的细部，如图3-3和图3-4所示。

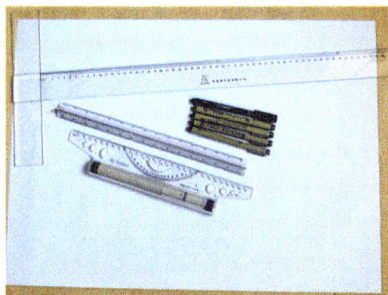

图3-1 准备设计绘图纸张与工具

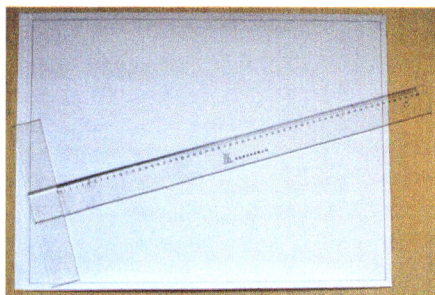

图3-2 绘制图框

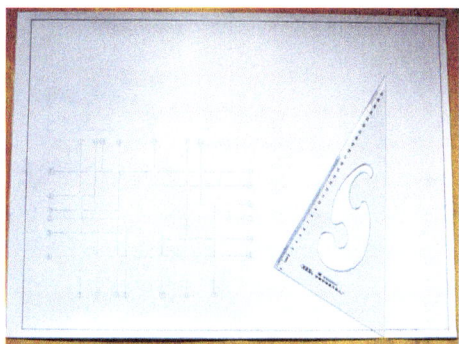

图3-3 画出轴线及轴线符号

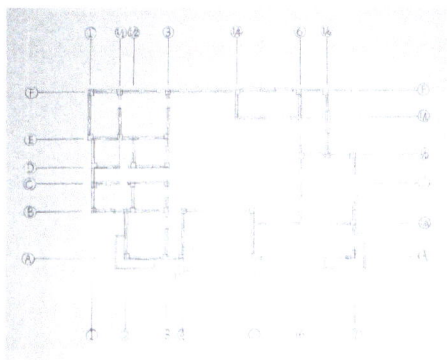

图3-4 根据定位轴线画出墙体线及门窗

（3）按比例和尺寸绘制出室内家具布局，再绘出尺寸线，标出尺寸数字和文字说明，如图3-5和图3-6所示。

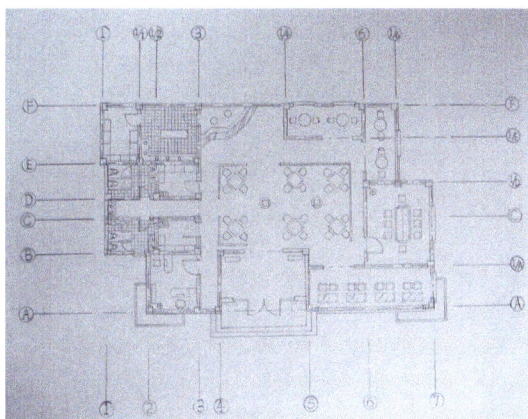

图3-5 绘出室内家具布局

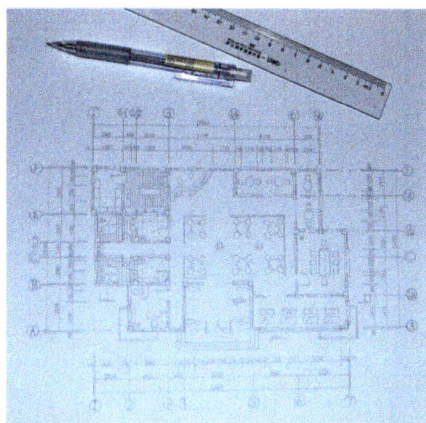

图3-6 绘出尺寸线、尺寸数字和文字说明

（4）对整个平面图上墨线，上墨线时要注意墨线的用途、含义。在细节处理上一定保持清醒的头脑，认真、仔细，确保准确无误，如图3-7所示。

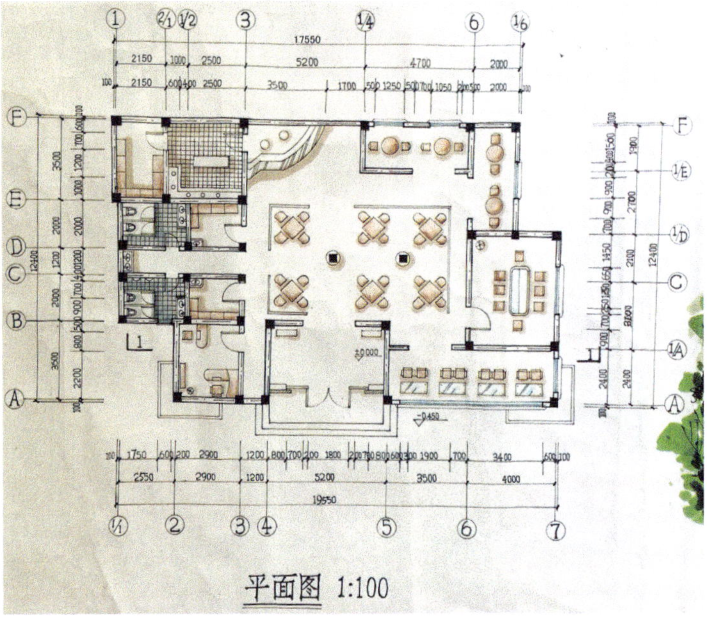

图3-7　绘制建筑方案墨线稿

（5）绘制立面图，首先根据平面图的比例和图纸幅面，确定立面图在图纸上的绘图位置，注意构图，绘出横向定位轴线、立面图的外轮廓线、地面线、房间的层高线、窗户的外轮廓线，并进一步细化；其次要对建筑物的整体细部刻画，如阳台、窗台、窗户的分格、雨水管道、房顶、房檐等建筑细部。再次画出尺寸线、尺寸界线、标高符号、尺寸标注、文字说明。最后上墨线，完成立面图的绘制，如图3-8所示。

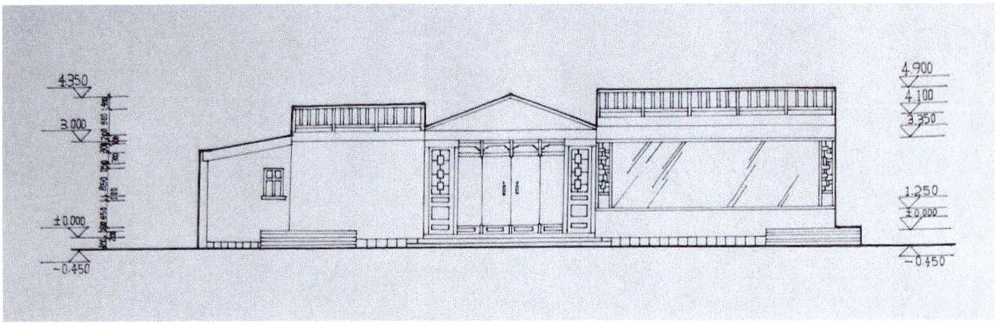

图3-8　绘制立面图并上墨线稿

（6）绘制剖面图。认真查阅平面图，了解剖面图剖切位置所涉及的建筑内部布局，做到心中有数。然后根据平面图的比例，确定剖面图在图纸中的位置，注意构图，绘出定位轴线、外轮廓线、楼面线、女儿墙、门、窗等外轮廓线，并进一步刻画各层门、窗、阳台、楼层、楼板等建筑细部；再绘出尺寸线、标高符号、数字标注、文字说明等；最后绘制墨线，完成绘制，如图3-9所示。

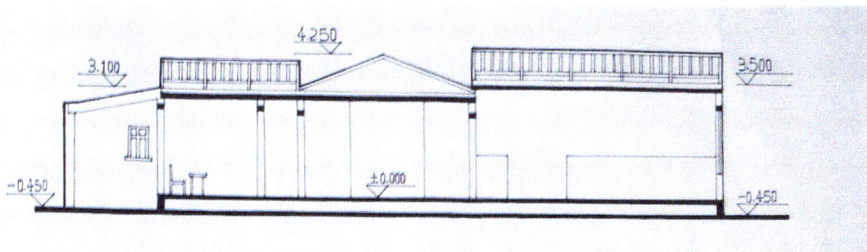

图3-9　绘制剖面图并上墨线稿

（7）绘制总平面图。按照1:500的比例，全面表达建筑与原有地段的关系以及周边道路状况，并绘制墨线稿，如图3-10所示。

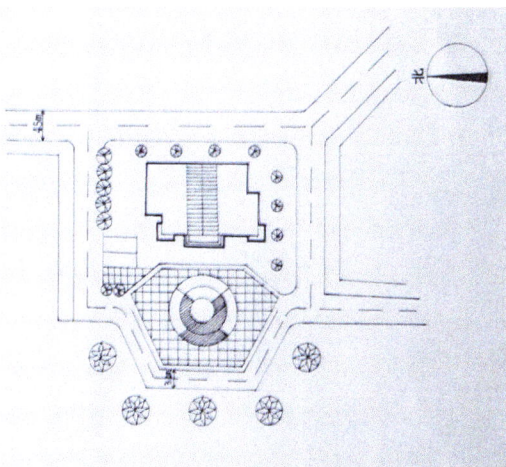

图3-10　绘制总平面图并上墨线稿

（8）为平面图、立面图、剖面图和总平面图上颜色。上颜色时应注意用色不宜太多，色调要整体统一，如图3-11和图3-12所示。

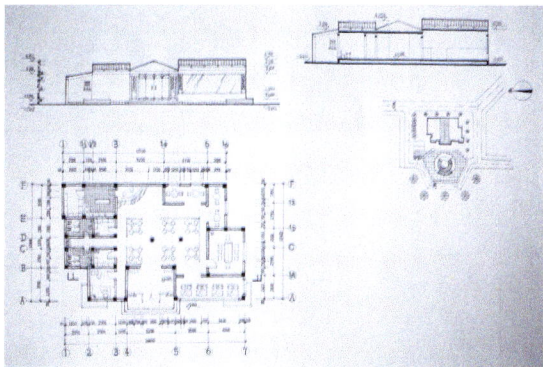

图3-11　墨线稿完成后的方案图纸

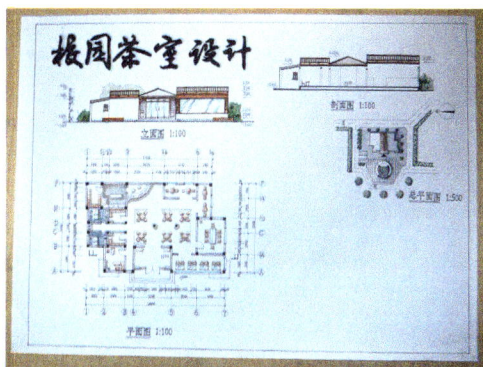

图3-12　上色后的方案图纸

（9）绘制透视效果图。根据需要选取适当的视点绘制透视图，一点透视、两点透视或鸟瞰图均可。先用铅笔起稿，然后上墨线，最后用马克笔、彩铅上色，完成效果图的绘制，如图3-13～图3-18所示。

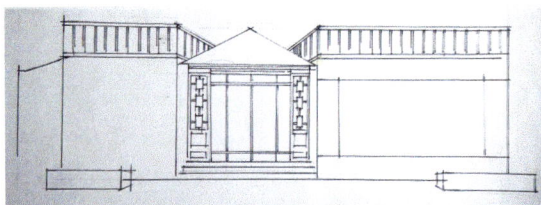

图3-13　建筑主体透视图

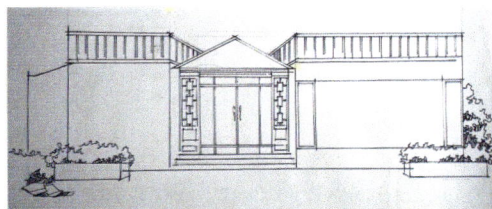

图3-14　建筑透视图加两旁配景树后的效果

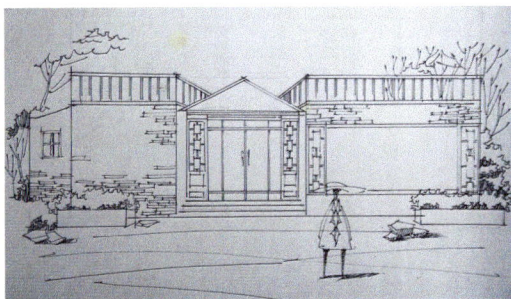

图3-15　建筑透视图加人物和远景树后的效果

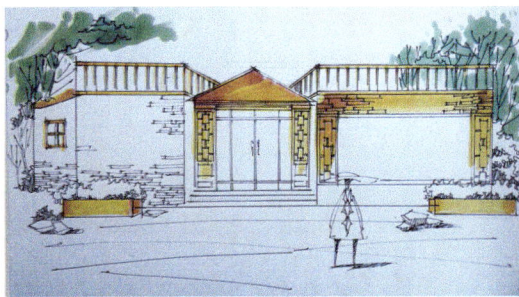

图3-16　建筑透视图首次上色

图3-17　建筑效果图上色后的深入绘制

图3-18　建筑效果图完成稿

（10）用仿宋字体写上设计说明，并做最后的整体调整，完成全部图纸内容，如图3-19所示。

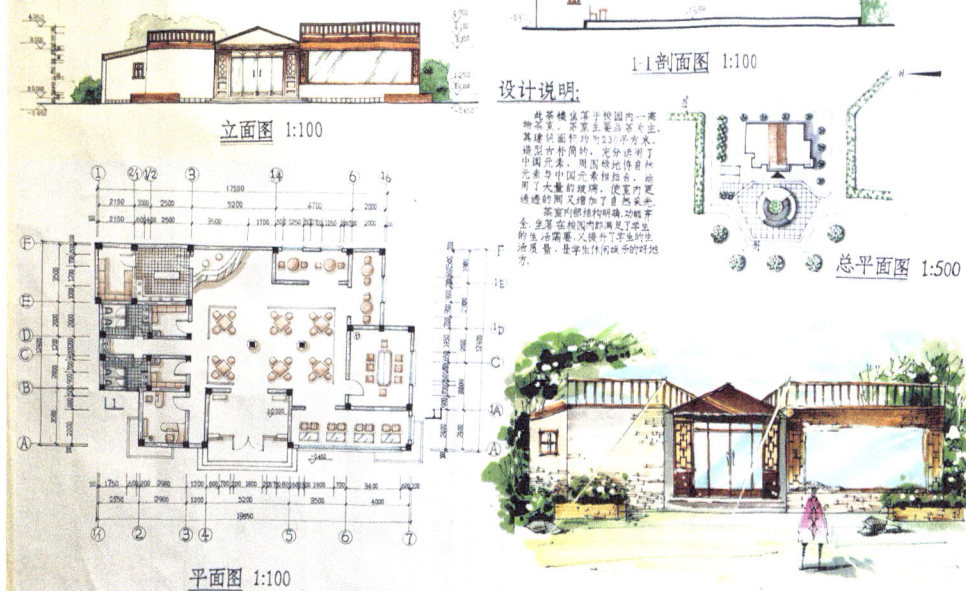

图3-19 写上设计说明，做最后整体调整，完成最终稿

本章小结

　　本章应了解建筑设计专业常用术语，重点掌握小型建筑设计中的构思、构图、排版，以及平面图、立面图和剖面图的画法步骤和制图方法。

本章思考题

1. 熟记和理解建筑设计中的常用术语。
2. 临摹优秀的小型建筑设计作品。
3. 请查阅建筑设计期刊或杂志中有关建筑设计方法论的文章，并撰写读书笔记。

第 四 章
建筑平面图设计

本章课程概述　本章从建筑平面图基本含义入手，分析建筑平面图的作用；从建筑形态构成法的角度，讲解平面图设计的方法；最后进行建筑平面图的赏析。

本章学习目标　理解建筑平面图的基本概念和作用，掌握建筑平面图的构思方法，学会分析建筑平面图。

本章教学重点　掌握建筑平面图的构思方法，学会分析建筑平面图。

第一节
建筑平面图设计概述

一、建筑平面图设计的概念

世界著名建筑师、现代主义建筑学派的奠基人格罗皮乌斯曾经说过："建筑师作为一个协调者，其工作是统一各种与建筑相关的形式、技术、社会和经济问题。"在建筑平面上的"协调"，即为建筑平面设计。

假想水平剖切平面在位于距离楼（地）面1.6m左右处把建筑剖切开来，移去剖切平面以上的部分，将其下半部分向水平面做正投影所得到的水平剖切图称为平面图。一般情况下，建筑有几层就应该画几个平面图，并在图纸下方标明相应的图名。当建筑中间若干层的平面布局、构造状况完全一致时，则可用一个平面图来表达相同布局的若干层，称为建筑标准层平面图。建筑平面图的常用比例为1:100、1:150、1:200等。对建筑平面图构思、创作的过程即建筑平面图设计，如图4-1所示。

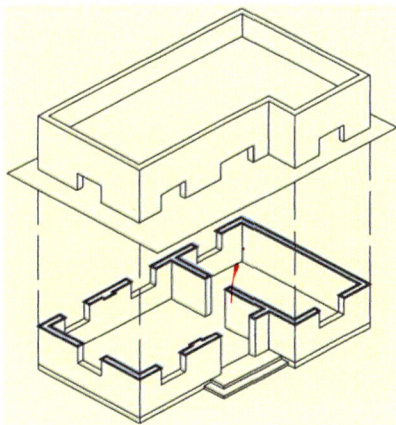

图4-1 建筑平面图的形成

二、建筑平面图设计的作用

建筑平面图设计是在依据建筑属性和建筑设计相关国家与地方性法规的前提下，按照委托方的要求对建筑内部空间组合的过程，是解决建筑局部与建筑整体、建筑与外部环境、空间序列、功能联系与建筑形体组合之间矛盾的过程。

（一）解决建筑内部空间组合的问题

建筑空间内、外有别。一般认为位于建筑内部，且全部由建筑物本身所形成的空间称为内部空间。对一栋建筑而言，建筑内的各个功能用房、走廊、电梯间、楼梯间、洗手间等都是内部空间。对内部空间的分析，常常从两个方面入手：一是单一空间问题；二是多空间组合问题。

单一空间是构成建筑最基本的元素，任何复杂的建筑空间都可以分解为一个个单元空间，而对复杂的建筑空间的分析就可以从单一空间元素分析着手。

在现实生活中，只有极少数、极个别的建筑由单一空间组成，绝大多数建筑由几个、十几个、几十个，甚至几百个、上千个单一空间按照一定的位置关系组合而成。人们在建筑中的行为活动往往涉及多个建筑空间，因此，要处理好建筑空间还需处理好各个单一空间的相互关系。同时，将它们以最为合理的方式有机组合起来，形成一个有机整体，从而满足人们的使用要求。显然，这一问题较单一空间的处理而言更加复杂，属于多空间组合的问题。

（二）解决建筑局部与整体、建筑与环境之间关系的问题

当建筑功能复杂时，建筑在大的功能中又可以分为若干小的功能系统，如酒店建筑主要是为旅客提供一个住宿与餐饮的地方，在建筑功能系统上分为住宿、餐饮、会议、康体、其他服务等，每个功能系统中又由若干建筑空间组成。若整个酒店设计后想高效率地投入运营，就必须解决好建筑局部与建筑整体之间的关系。

当我们进行建筑平面设计，尤其是建筑首层平面设计时，往往需要结合建筑用地地块周围的环境进行整体性设计。如果在构思时，没有考虑到建筑周围环境中的交通流线、绿化布局、景观特征、地域特点、地方文化等因素与建筑设计的影响，在一定情况下，建筑与建筑外部环境之间可能会存在一些矛盾。因此，在建筑设计中，我们要树立全局观念，考虑到多方面的设计限定条件，尽量处理好建筑与环境之间的关系。

（三）解决空间序列、功能联系与建筑形体组合之间关系的问题

建筑平面图设计主要是对建筑的空间序列、空间功能、建筑平面形体组合的设计。建筑空间序列与建筑功能紧密相连，空间序列又离不开空间组织。建筑空间组织可以大致划分为如下几种关系。

1. 并列关系

建筑各个空间在功能上、面积上相同与相近，彼此之间没有直接的依存关系。例如，宿舍楼中的寝室、教学楼中的教室、办公楼中的办公室等多以走道或走廊为交通联系，从而沿走道或走廊单

面布房或双面布房，如图4-2所示。

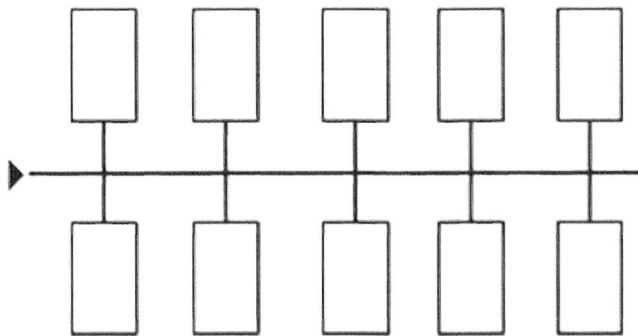

图4-2 并列关系

2. 序列关系

建筑若干空间在使用过程中有明确的先后顺序的，多采用序列关系，以便符合使用功能的要求和人们的行为习惯，如博物馆、展览馆、文化馆中的展厅、候车楼、候机楼等建筑，如图4-3所示。

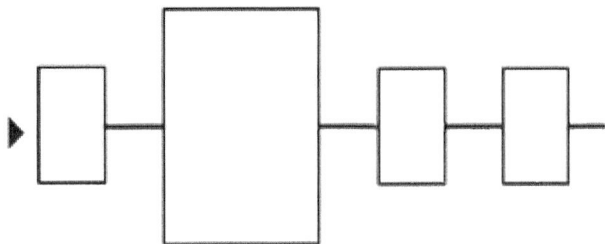

图4-3 序列关系

3. 主从关系

建筑若干空间在功能上既相互依存又有明显的隶属关系的，多采用主次关系的空间布局。其中，主要的建筑空间常常面积上比从属的建筑空间面积大，且各从属空间多位于主要空间的周围，如图书馆同一层楼中的书库空间与阅览空间之间是一种主从关系，书库空间较大且在主要的空间位置，阅览空间则相对面积较小，处于从属地位。再如，住宅中的起居室与卧室、餐厨等空间的关系也是主从关系，如图4-4所示。

4. 综合关系

在现实生活中，很多建筑功能较复杂，常常要求在以一种空间关系为主的基础上，同时兼有其他空间关系存在，如大型酒店、商务会所、商住楼、综合楼等，建筑空间多采用综合关系，如图4-5所示。

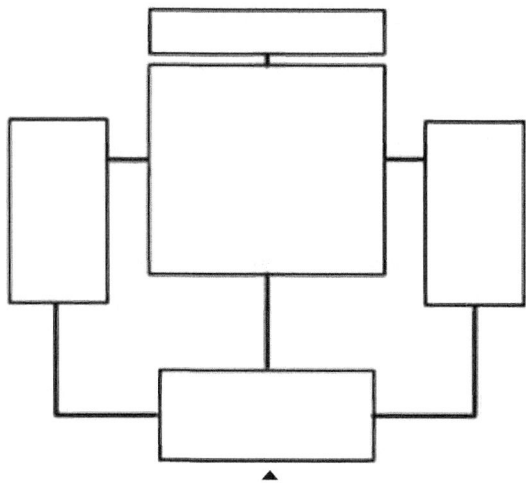

图4-4 主从关系

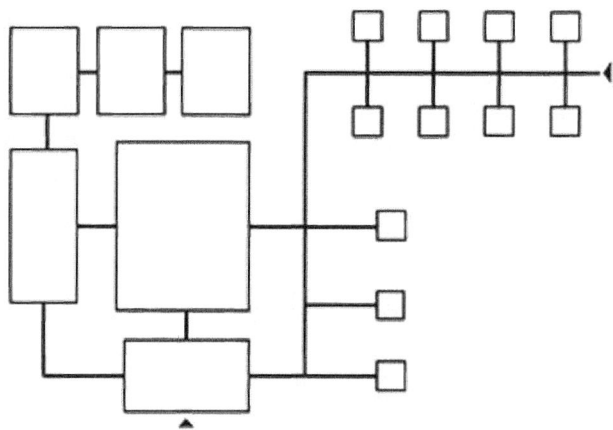

图4-5 综合关系

　　建筑形体组合形式与建筑内部空间设计也有着密切关系，需要绘图者在满足建筑节能要求的基础上，使建筑形体组合与建筑空间组合、建筑功能等因素有机结合起来。同时，这三者之间又是相互作用的。建筑形体组合离不开建筑物体形系数，建筑体形系数越小，建筑物节能效果才能越好。为了减少建筑物体形系数，在设计中可以采取如下几种方式。

　　（1）建筑平面布局紧凑，减少外墙凹凸变化，即减少外墙面的长度。

　　（2）加大建筑物的进深。

　　（3）加大建筑物的层数。

　　（4）加大建筑物的体量。

第二节
建筑平面图设计的构思方法

一、建筑平面图的形态分析

（一）基本几何形态

基本几何形态是构成建筑平面最简洁的几何形，具有单纯、完整、直观、简单、易识别的特点，常用的平面几何形态有圆形、矩形、正方形等。例如，位于福建一带的土楼民居建筑，其平面大多采用圆形和正方形，整个民居可容纳一个家族所有成员居住与生活，建筑四周围以厚实的墙体，只有少量的门窗与外部相连。这种建筑平面形式是客家先民内部团结和抵御外寇侵犯的重要见证，如图4-6所示。

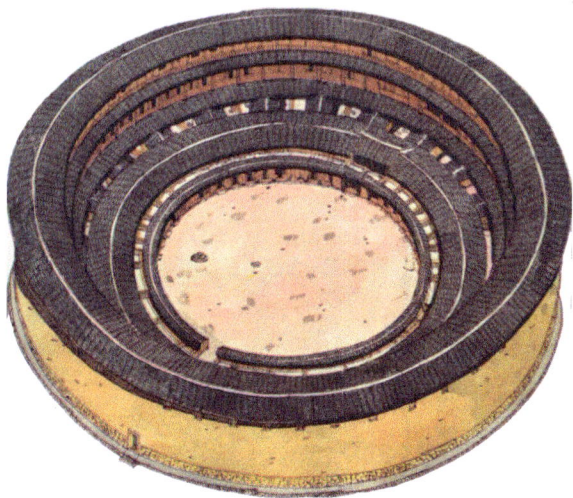

图4-6　福建土楼效果图

云南民居普遍采用"三间四耳倒八尺"的建筑平面格局形式，因民居占地方整，外观方正，犹如古代官印，当地人称之为"一颗印"民居。整座建筑独门独户，高墙小窗，空间紧凑，体量不大，小巧灵便，如图4-7所示。

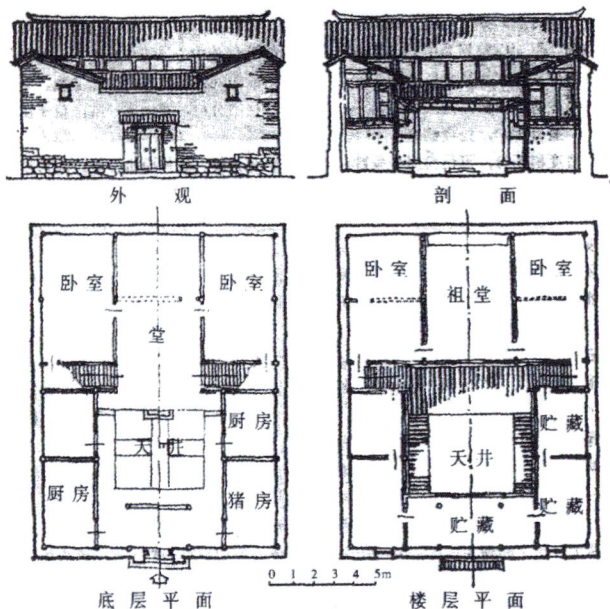

图4-7 云南昆明一颗印民居（中国营造学社刘致平先生整理），建筑平面为矩形

（二）基本几何形态的变形与组合

1. 渐变

渐变是指围合几何形态的线在长度、宽度、夹角、曲率等方面按照一定方向、一定比例有规律的变化，如圆形变为椭圆、正方形变为平行四边形等，如图4-8所示。

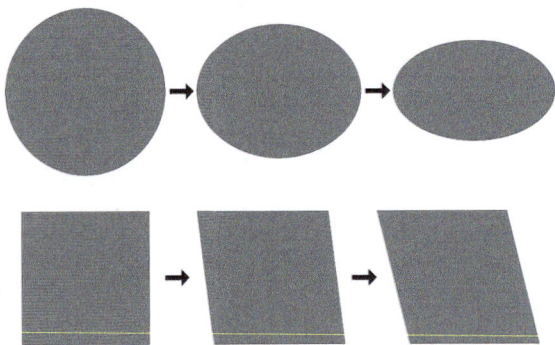

图4-8 渐变

2. 弯扭

弯扭是指在力的作用下使几何形态在曲率、角度上的整体变化，如矩形弯成弧形，再扭曲为"S"形，如图4-9所示。

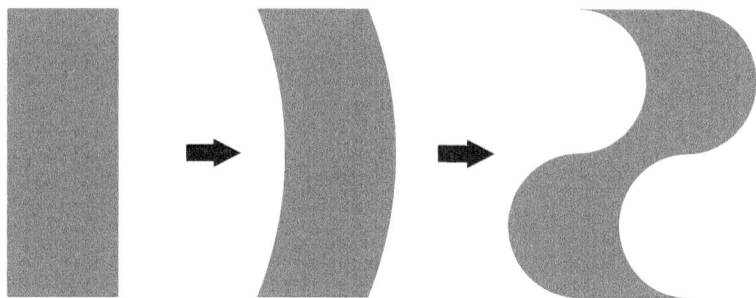

图4-9 弯扭

3. 伸展

伸展是指几何形态在一边或数边向形态外侧平行扩展，如三角形和正五边形伸展为"Y"字形，正方形伸展为"十"字形，六边形伸展为"×"字形，如图4-10所示。

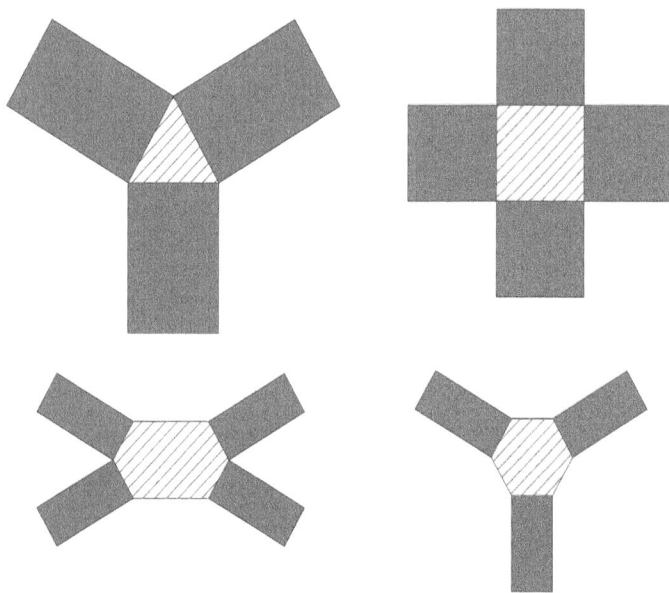

图4-10 伸展

4. 错叠

错叠是指将相同或不同的几何形态错位相叠，如两个矩形错叠后，重合部分是个矩形；一个三角形和正方形错叠，重合部分是个四边形；二圆错叠后形成双环，如图4-11所示。

5. 压拉

压拉是指在基本形态边线的某点上加力，向基本形态内部压或外部拉而产生的形变，如图4-12所示。

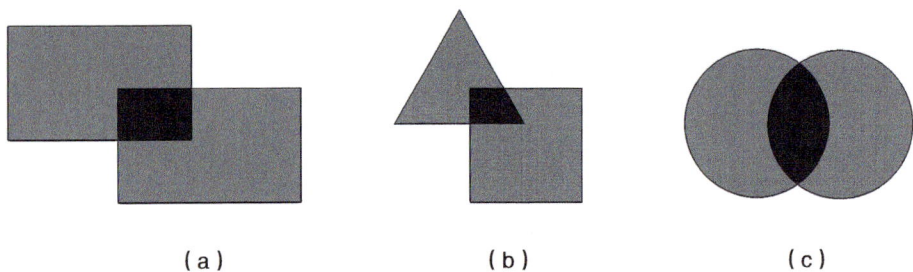

（a）　　　　　　　　（b）　　　　　　　　（c）

图4-11 错叠

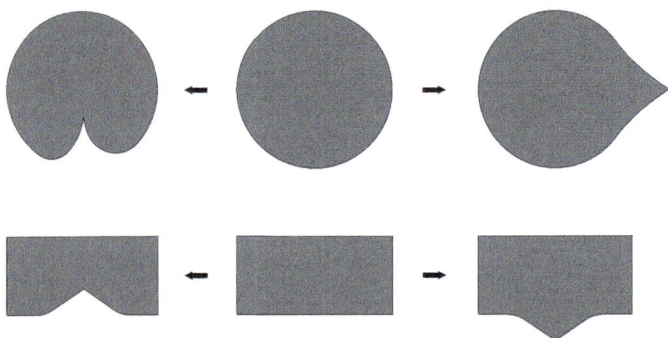

图4-12 压拉

6. 群化

群化是指将相同或不同的若干基本形态有序地组合在一起，形成新的形象。例如，三角形和两个梯形的组合、两个形状大小相同的三角形与平行四边形的组合、三个矩形的组合等，如图4-13所示。

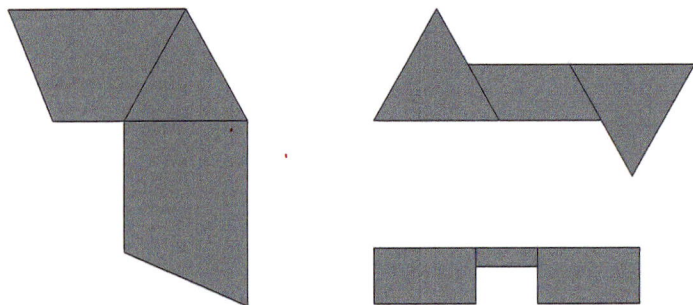

图4-13 群化

（三）基本几何形态的分割与重组

基本几何形态的分割包括对基本形态的切割和剪切组合两个方面。

1. 切割

切割是指用直线、凸线、凹线对几何形态的局部切割，如正方形切去一角变为五边形，完整的圆形切去四分之一圆形成270°的扇形，如图4-14所示。

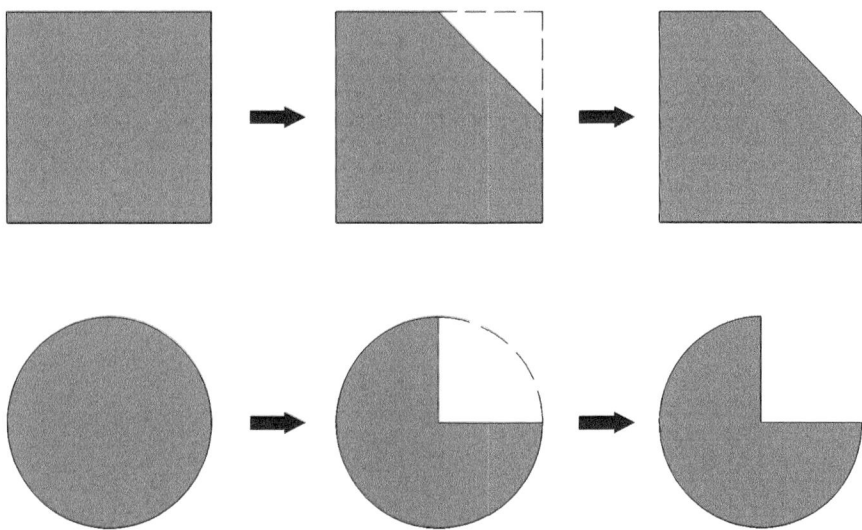

图4-14 切割

2. 剪切组合

剪切组合是指用基本形态在"剪刀"的作用下错位变形，如正方形在剪切下组合成为错位连接的两个矩形，圆在剪切下组合成为错位连接的两个半圆，如图4-15所示。

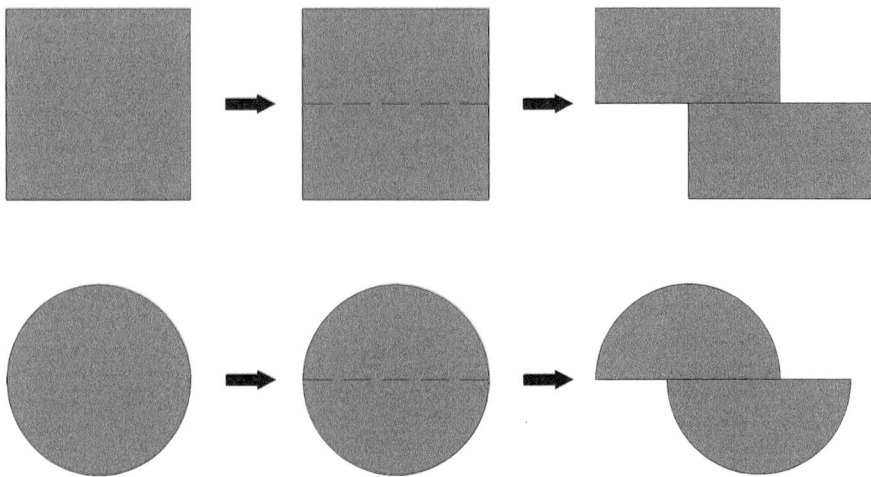

图4-15 剪切组合

二、建筑平面图的形态设计构思方法

（一）形态设计与功能需求相结合

建筑设计的最终目的是满足人们在空间使用过程中的功能需求。建筑平面图设计是初学者在建筑设计构思阶段首先应考虑的，则其形态设计与功能需求结合得是否贴切就显得尤为重要。在满足人们功能需求的同时，建筑平面的形态设计还应大胆创新。

美国著名建筑大师赖特在设计纽约古根海姆博物馆时，打破了以往博物馆"迷宫式"和"盒子式"的平面布局形式，设计出了一个弯曲、连续的螺旋形平面，将展品分布于螺旋形墙壁上，给观众耳目一新的感觉，同时也体现了赖特先生"有机建筑理论"的设计思想。这种平面布局形式给后来的设计师在建筑创作中带来了新的设计灵感，如图4-16和图4-17所示。

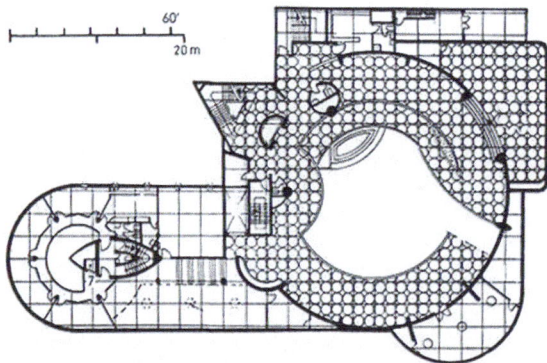

图4-16 古根海姆博物馆建筑平面图

图4-17 古根海姆博物馆内的螺旋形墙壁

（二）形态设计与传统符号相结合

建筑平面形态在设计时往往需考察建筑所处的地域、文化、历史、周边环境等因素。在这些因素相关符号中提炼建筑平面形态，是建筑平面构思来源之一，同时也为后续建筑设计奠定了一个良好的基础。

博帕尔邦会议大厦建筑平面创意取自于古印度文化中的曼荼罗图形，曼荼罗的实质是强调表现中心与边界。该建筑平面布局形式是将一系列公共空间分隔为九宫格形式，并将它们围合在一个完整的圆形平面内，如图4-18所示。

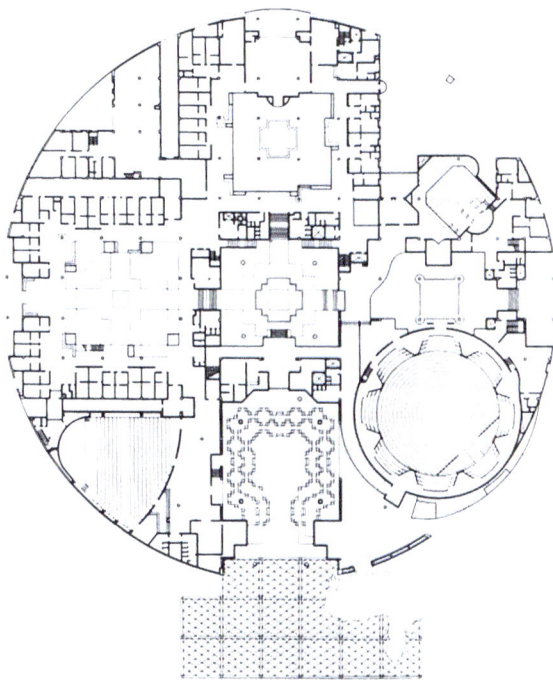

图4-18 博帕尔邦会议大厦建筑平面

（三）形态设计与心理感受相结合

建筑平面图设计实质上是空间形态设计，在设计时设计师还应考虑到空间与空间的关联性，其基本原则是注重人在空间活动中的心理感受。这一点在宗教建筑和皇家建筑中表现得尤为突出。

日本著名建筑大师安藤忠雄所设计的真言宗本福寺水御堂坐落在日本兵库县，它采用卵形水池象征生命的诞生与再生，采用莲花象征开悟的释迦牟尼像，采用圆形大殿象征循环不息的轮回。观众可通过平面行进的路线对建筑各个组成部分产生不同的心理暗示与体验，能够在心里感受宗教的圣神与洗礼，如图4-19所示。

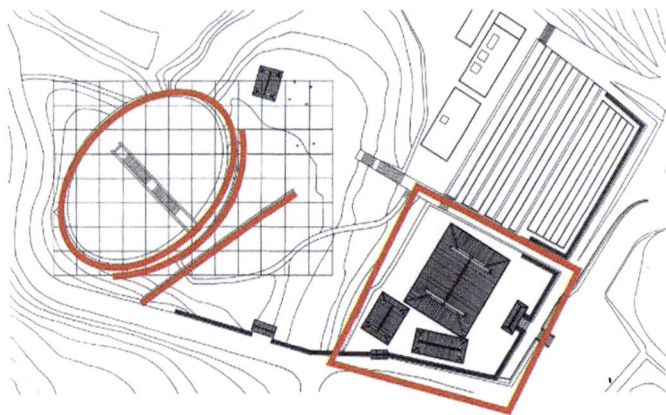

图4-19 真言宗本福寺水御堂总平面示意图

◀ 三、建筑平面组合设计方式

（一）走廊式组合

走廊式组合是指走廊的一侧或双侧布置功能用房的建筑平面组合方式。各个功能用房相对独立，由走廊将它们串联在一起。走廊式组合根据走廊与功能用房的位置关系划分为外廊式组合、内廊式组合、沿房间两侧布置走道三种情况。常见的建筑类型有教学楼、办公楼等，如图4-20所示。

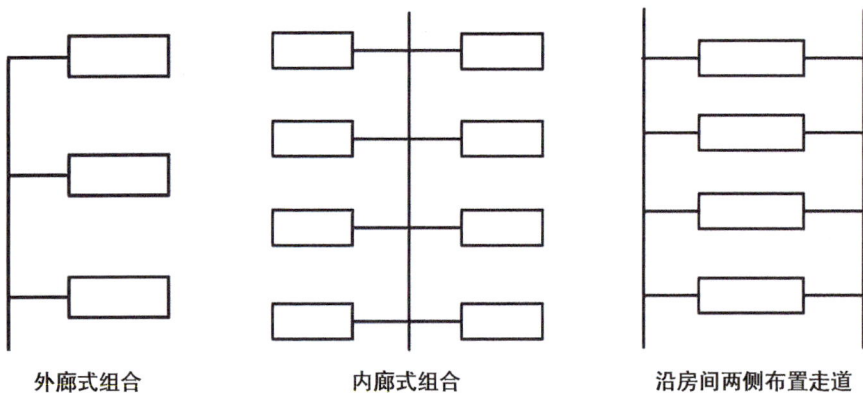

外廊式组合　　　　　　　　内廊式组合　　　　　　　沿房间两侧布置走道

图4-20 走廊式组合形式

（二）套间式组合

套间式组合是指空间之间按照一定的序列关系连通起来的建筑平面组合形式，这种形式可以减少交通面积，平面布局更为紧凑，空间联系更为方便，但各个空间之间存在相互干扰的可能。常见的建筑类型有住宅、展览馆、车站等，如图4-21所示。

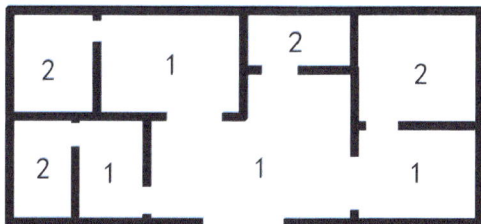

图4-21　套间式组合，1空间与2空间之间是穿套关系

（三）大厅式组合

大厅式组合是指在建筑中设置用于人员集散的较大的空间，以大厅式的空间为中心，在其周围布置其他功能的用房，该空间使用人数多、尺度较大、层高较高。常见的建筑类型有火车站、影剧院、体育场馆等，如图4-22所示。

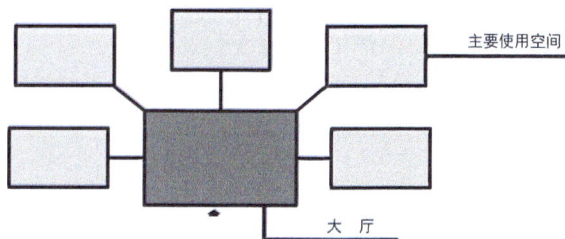

图4-22　大厅式组合

（四）混合式组合

混合式组合在建筑平面设计中综合运用了以上2种或3种平面空间组合方式。这种建筑平面组合形式在大中型建筑平面设计中常见，如图4-23所示。

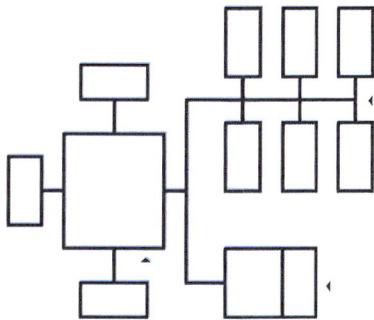

图4-23　混合式组合

第三节
建筑平面图设计的实例赏析

读者可赏析不同组合类型的建筑平面图设计实例，如图4-24～图4-27所示。

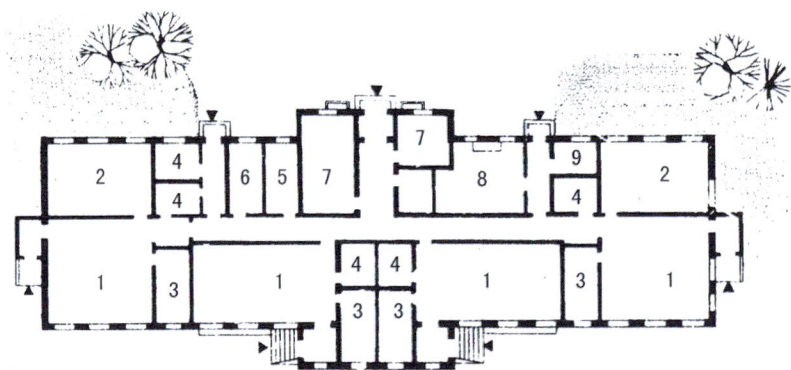

图4-24 走廊式组合——4班幼儿园首层平面（北京市建筑设计院）
1—活动室 2—寝室 3—卫生间 4—储藏间 5—医务保健室 6—隔离室 7—办公室 8—厨房 9—洗衣房

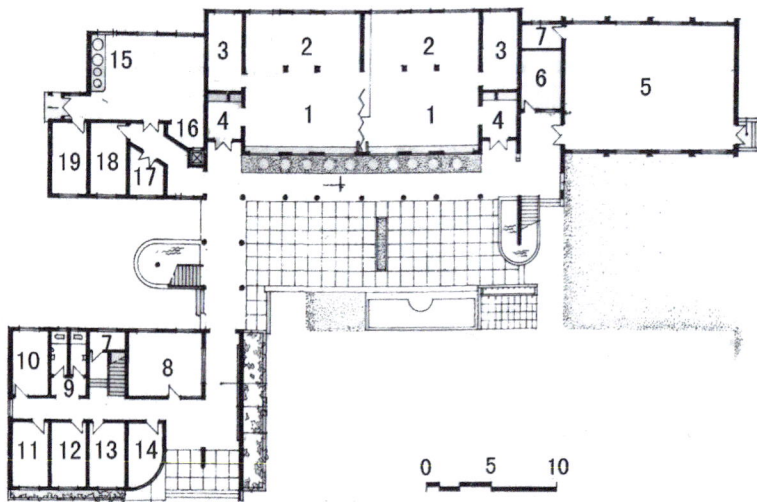

图4-25 南方6班幼儿园二层平面图，班级活动单元中的活动室与卫生间是穿套关系
1—活动室 2—寝室 3—卫生间 4—衣帽间 5—音体室 6—教具储藏 7—储藏
8—晨检兼接待 9—教职工厕所 10—行政储藏 11—值班室 12—保育员休息室 13—保健室
14—传达室 15—厨房 16—备餐室 17—开水间 18—炊事员休息室 19—库房

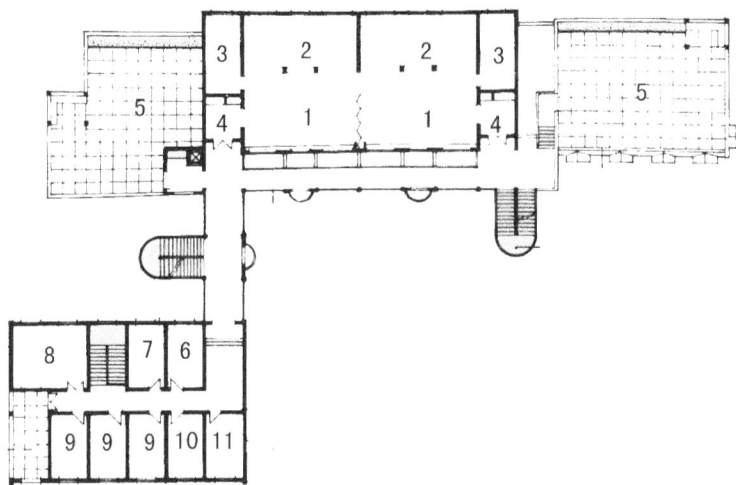

图4-26 南方6班幼儿园二层平面图

1—活动室　2—寝室　3—卫生间　4—衣帽间　5—屋顶平台　6—陈列室

7—教学储藏　8—资料兼会议室　9—教师办公室　10—财会室　11—园长室

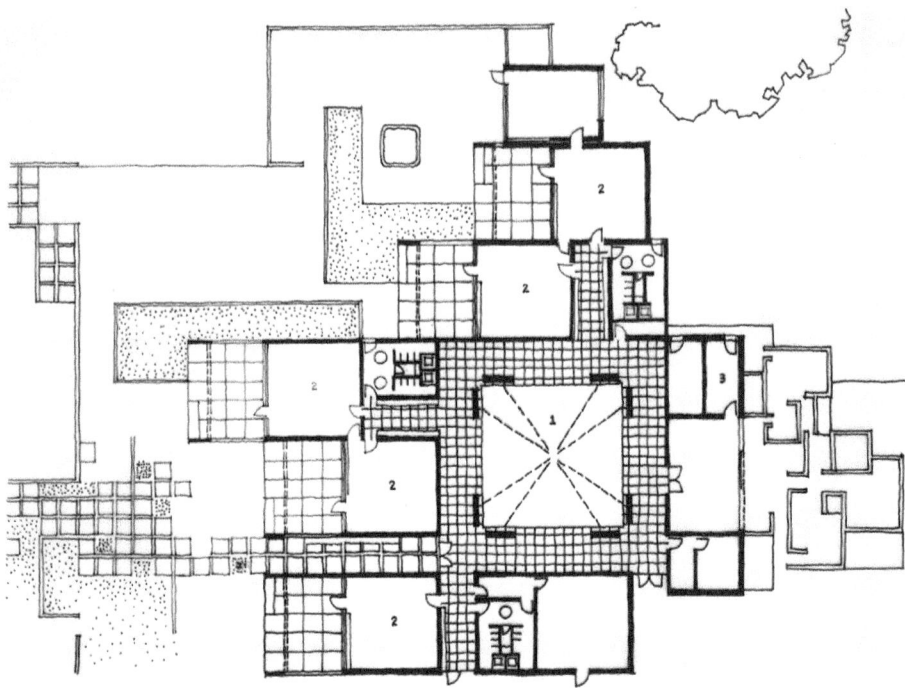

图4-27 大厅式组合——法国图鲁斯市幼儿园首层建筑平面

1—中央大厅　2—教室　3—办公室

本章小结

本章主要介绍了建筑平面图的基本概念、作用、构思方法，同学们通过本章内容的学习，应掌握和运用建筑平面图的基本构思方法。

本章思考题

1. 什么是建筑平面图设计？
2. 建筑平面图设计的作用有哪些？
3. 建筑平面空间组合方式有哪些？
4. 临摹5个优秀的建筑平面图设计实例。

第 五 章

建筑立面设计

本章课程概述 本章从建筑立面图基本含义入手，分析建筑立面图设计所遵循的基本原则；分别从建筑形态构成法的角度和美学角度，讲解立面图设计的造型元素和形式美法则，并就建筑立面设计中的重点部位进行专门讲解；最后进行建筑立面图的赏析。

本章学习目标 理解建筑立面图的基本概念和设计原则，掌握建筑立面图造型元素的构成规律和细节处理的方式，学会分析建筑立面图。

本章教学重点 理解建筑立面图的概念及设计原则，掌握其造型元素的构成规律和细节处理的方式，学会赏析建筑立面图。

第一节
建筑立面设计概述

一、建筑立面设计的含义

建筑外立面是指建筑和建筑的外部空间直接接触的界面以及其展现出来的形象和构成方式，或是建筑内外空间界面处的构件及其组合方式的统称。一般情况下，建筑外立面不包括建筑屋顶，但在某些特定情况下，建筑屋顶与建筑外墙面表现出很强的连续性且难以区分时，或为了特定的建筑观察角度的需要，可以以将屋顶作为"第五立面"来设计与处理。我们在建筑外立面图纸表达时，除了可以运用光影关系表现建筑形象，使建筑立面表达富有层次感外，往往将草地、树木、人物、水体等建筑配景一起表达，从而使图纸显得更加生动与完整。

二、建筑立面设计遵循的原则

（一）时代性原则

从建筑发展的历程看，在不同时代背景下涌现出了各具特色的建筑设计实例。在有些建筑遗址中，建筑立面造型、材料、结构方式、设计手法等成为特定时代下永恒的经典，它们不仅记录了一段历史，而且反映了当时社会背景下的建筑技术、人们的思想观念和审美倾向；在有些纪念性建筑实例中，建筑的设计手法、表现形式体现出了人们对历史的感悟、反思，表达出了人们对美好生活的向往，如图5-1和图5-2所示。

图5-1　侵华日军南京大屠杀遇难同胞纪念馆入口

图5-2　侵华日军南京大屠杀遇难同胞纪念馆雕塑

从当今建筑设计上看，新材料、新工艺为建筑立面美观、节能、消防安全等要素设计提供了物质技术支持，使建筑立面设计体现出了当今时代气息，如图5-3所示。

（a）　　　　　　　　　　　（b）

图5-3　上海环球金融中心，方形基座到顶部呈刀锋状，采用钢结构和钢筋混凝土结构

（二）地域性原则

建筑立面设计应与不同国家、不同地域的气候条件、地理环境、历史文化、风土人情等因素相结合，在立面造型元素的设计与选取中体现地域性特色，如图5-4所示。

图5-4　古徽州的民居建筑采用高高的马头墙、小窗户的建筑形式和院落式的建筑格局

（三）文化性原则

岭南建筑学派代表人物何镜堂先生提出的建筑观为"两观三性"，其中特别指出建筑应具有文化性："一个建筑它不单要满足物质功能的要求，它同时要给人一种精神上的感受。"这说明文化决

定了建筑的内涵与品位。法国作家维克多·雨果曾这样说过："建筑艺术同人类思想一道发展起来，它成了千头万臂的巨人，把有着想象意义的漂浮不定的思想固定在一种永恒的、看得见的、捉摸到的形式下面。"这充分说明建筑是文化的记载，有时是时代文化的记载，而不是一种毫无根据的形式堆砌，如图5-5所示。

图5-5 2010年上海世界博览会中国馆采用"中国红"、斗冠造型

（四）大众性原则

建筑立面设计不仅应遵循艺术形式美的法则，同时也应综合考虑社会、经济、技术、文化、地域等诸多因素，考虑大多数人们的生活习惯和审美倾向，从而创造出雅俗共赏的建筑立面形象。

（五）经济性原则

在满足以上四要素的基础上，根据建筑项目的预算，在设计、施工与监理等多方面、多环节地考虑节约、节能、控制等因素，理性地确定建筑外立面设计的定位。

第二节
建筑立面造型的元素

建筑立面造型受制于建筑功能、建筑结构、建筑材料及建筑外部环境等多方面因素的制约。它所呈现出来的形象可归纳为点、线、面三要素。在建筑立面形象塑造上，这一要素又有形状、大小、高低、曲直上的变化，从而给予人们不同的视觉感受。

一、点

点在几何学中是一个零维度的对象，是几何、物理、矢量图形中最基本的组成元素。在建筑立面造型中，只要是一个相对小的形态，无论其形状如何，都称为点的元素。

如果将点的元素在建筑立面上规则排列，就会使建筑立面产生静态而富有律动美的视觉感受。当点的元素自由排列时，就会产生动态感，使之产生活泼灵动的视觉效果，如图5-6所示。

图5-6　某大学图书馆外立面

二、线

线在几何学中是指因一个点任意移动所构成的图形，如直线、曲线等。建筑外立面中的柱、壁柱、落水管、装饰线脚等建筑构件，甚至是建筑形体中很高的钟楼都具有线的特征。不同的线表现出来的特征也不同，如表5-1及图5-7所示。

表5-1　　　　　　　　　　　　　　线的形态及特征

线的形态		线的特征
直线	粗直线	坚强、厚重、稳定、笨拙
	细直线	苗条、敏锐、精细、脆弱
	折线	节奏、动态、活泼、焦虑
曲线	几何曲线　圆弧	充实、饱满、单调、刻板
	椭圆	充实、饱满、柔软
	抛物线	速度感、现代感
	双曲线	平衡美、时代感
	自由曲线　S形曲线	优雅、高贵、有魅力
	C形曲线	简要、华丽、力度感

图5-7 某大学食堂外立面的壁柱——粗直线的视觉特征

三、面

　　面在几何学中是指因线的移动而构成的图形。根据形态的不同，面可分为直面和曲面。建筑师在建筑艺术创作过程中，往往将建筑功能、建筑形式、建筑结构三者有机地相结合。建筑外立面所围合的形体有高低、大小、方圆等形态上的对比，建筑立面在纵横方向上、曲直形态上、动静与虚实手法上和材质使用上的对比等，如图5-8所示。

图5-8 某别墅建筑墙面采用白色混凝土和灰色实心砖相结合

第三节
建筑立面造型的形式美法则

　　历代画家、艺术家和建筑师在长期的专业实践创作中总结了一套完整的形式美法则，其中包括统一与变化、对称与均衡、节奏与韵律、比例与尺度等，这些形式美法则在建筑立面设计中常常通过各种造型、色彩、装饰手段等因素表现出来。

一、统一与变化

　　统一与变化是形式美的基本规律。某一事物往往通过点、线、面、体、空间等要素构成一个统一协调的整体。变化是寻找各要素之间的差异、区别。没有统一，事物就显得杂乱无章、凌乱而缺乏和谐与秩序；没有变化，人们就会或多或少有单调与乏味感。

　　在进行建筑外面设计时，设计元素主题与形式不仅要满足建筑的属性要求与地域特征，同时也要符合统一与变化的基本规律，如图5-9和图5-10所示。

图5-9　某教学楼外观采用统一的灰色墙面和大小统一的矩形窗洞，窗洞在布局上有方向上和疏密上的变化

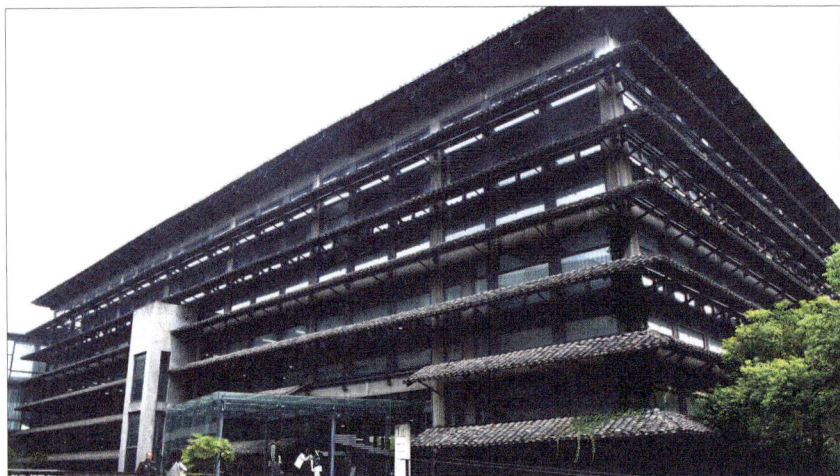

图5-10 某教学楼教学区外立面采用水平方向界面分割手法，局部的楼梯空间外立面采用垂直方向界面分割手法，造型上既统一又有变化

二、对称与均衡

　　对称是指在事物中相同或相似的形式要素之间，由相称的组合关系所构成的绝对平衡。在建筑立面设计上，往往可以找到对称轴线，对称轴线左右或上下的造型与体量是完全相同的。均衡是指在造型艺术设计的画面上，不同部分与造型因素不对称，但在视觉和心理上有一种平衡感。建筑立面设计中的均衡是指建筑立面的左右、前后、上下等各部分之间的关系，给人以安定、完整与平衡的感觉，如图5-11～图5-13所示。

图5-11 上海博物馆外立面采用对称手法的设计，采用青铜鼎的造型，方形基座，圆形实墙及屋顶，蕴含着"天圆地方"的意境

图5-12 杭州苏东坡纪念馆南立面（吴艳飞临摹），该立面及配景采用均衡的设计与表现手法

图5-13 某高层住宅楼立面采用中轴对称的设计与表现手法

三、节奏与韵律

节奏原指音乐中音响节拍轻重缓急的变化和重复。韵律原指音乐（诗歌）的声韵和节奏。建筑立面设计中的节奏与韵律往往是通过建筑立面上的某一造型、某一结构按一定的规律重复出现，从而形成视觉上的韵律美感。韵律可分为连续韵律、渐变韵律和交错韵律三种形式，如图5-14～图5-17所示。

图5-14 石材拱门的连续排列形成韵律感

图5-15 某建筑立面上的装饰壁灯等距离的排列，形成重复的韵律感

图5-16 杭州六和塔塔身的渐变韵律

图5-17 建筑立面元素交错排列形成韵律感

四、比例与尺度

建筑的比例是指建筑大小、宽窄、高矮、厚薄、深浅之间的比较关系。它包括建筑各部分之间的比较关系和建筑局部与整体之间的比较关系。建筑的尺度主要指建筑与人体之间的大小关系以及建筑局部与人体之间的大小关系，如图5-18所示。

（a）

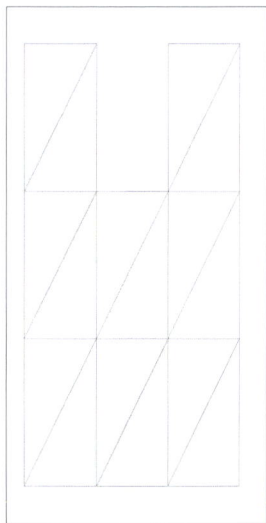

（b）

图5-18 法国巴黎圣母院大教堂主立面及比例关系

巴黎圣母院大教堂坐落于法国巴黎市中心的西堤岛上，是一座典型的哥特式风格大教堂，水平与竖直的比例近乎黄金比1∶0.618，立柱和装饰带把立面分为9块小的黄金比矩形。

第四节
建筑立面中的细部处理

建筑立面中的细部包括雨棚、阳台、门窗、凹廊等。这些凹凸起伏的细部增强了建筑立面的体积感和视觉层次感。

一、雨棚

雨棚位于建筑物入口处，具有挡风和丰富建筑立面造型的作用，同时给人们很强的识别性和引导性。

雨棚采用悬臂梁结构形式，以支撑、吊拉、构架、特殊造型等形式出现，其长度、距地面的高度、厚度与建筑入口空间、建筑层高、雨棚材料和形式有关。

目前市场上普遍使用的雨棚材料是PC板，该材料透光率高达89%，重量仅为玻璃的50%，有较好的阻燃性、可弯曲性、节能性和抗冲击性，隔音效果明显，不易碎，抗老化。雨棚形式分为两种，一是悬板式，二是梁板式。前者外挑长度为0.9 ~ 1.5m，后者多用于影剧院、商场等建筑主要出入口，如图5-19所示。

二、阳台

阳台在建筑立面中主要起到塑造光影效果、增强虚实变化、丰富建筑立面层次的作用。阳台的长度根据房间面积与房间性质确定。阳台宽度应以1 ~ 1.5m为宜，如图5-20所示。

图5-19　PC板雨棚

图5-20　用石材和铁艺砌筑的阳台

三、门窗

建筑外立面所呈现出的门一般为外门，根据门扇的开启方式将门分为平开门、弹簧门、推拉门、折叠门、转门、卷帘门、升降门等。根据门框制作材料分，门分为铝合金门、塑钢门、彩板门、木窗、钢门、玻璃钢门等。

窗是建筑外立面上的主要构件，其造型丰富，根据开启方式分为平开窗、固定窗、悬窗和立转窗、推拉窗、百叶窗等。选用怎样的开启方式和开窗面积多大应根据房间的使用要求来定。根据窗框制作材料分，窗分为铝合金窗、塑钢窗、彩板窗、木窗、钢窗等。根据窗的层数分，窗分为单层窗和双层窗，如图5-21和图5-22所示。

图5-21　某古建筑外立面的门窗

图5-22　某现代建筑外立面上的窗

四、凹廊

凹廊是外廊的一种形式。凹廊是指廊的外侧与外立面齐平或缩进外立面的廊。凹廊可起到丰富建筑立面层次感的作用，如图5-23所示。

图5-23　某教学楼方案中的凹廊　中信建筑设计研究总院有限公司

第五节
建筑立面设计实例赏析

（a）

（b）

图5-24 某图书馆新馆建筑立面采用流动的云状飘逸的水平线条，主入口平滑内凹，吸引人们去探索知识的奥秘

图5-25 某酒店馆建筑立面采用单元格均匀分割，统一协调

图5-26 某酒店馆建筑立面采用折板式表皮构成，既有律动美，又通过材料和光影体现时代感

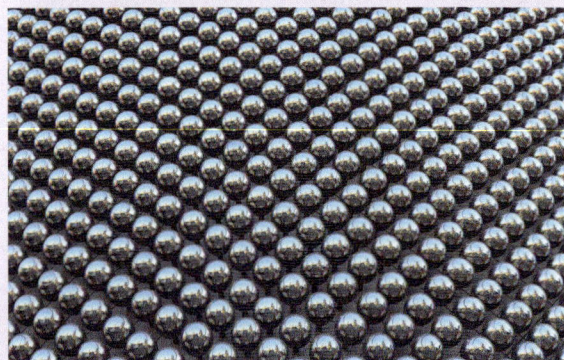

图5-27 某步行街上的大型公共建筑局部及立面装饰

图5-28 建筑表面采用体块式构成，色彩富于变化，表现力强

图5-29 某建筑外立面局部设计

图5-30 某高校教学楼建筑外立面

图5-31 某建筑外立面1

图5-32 某建筑外立面2

图5-33 上海大剧院建筑夜景

本章小结

本章主要介绍了建筑立面设计的含义、建筑立面设计所应遵循的原则和形式美法则。建议大家在学习本章时，收集一些建筑立面设计素材，分析建筑立面设计的优点与不足之处。

本章思考题

1. 请根据某食品专卖店平面布置图，构思并绘制建筑主立面图2个，要求从不同角度构思，建筑外立面风格不同，制图比例为1:50。某食品专卖店平面布置图如图5-34所示。

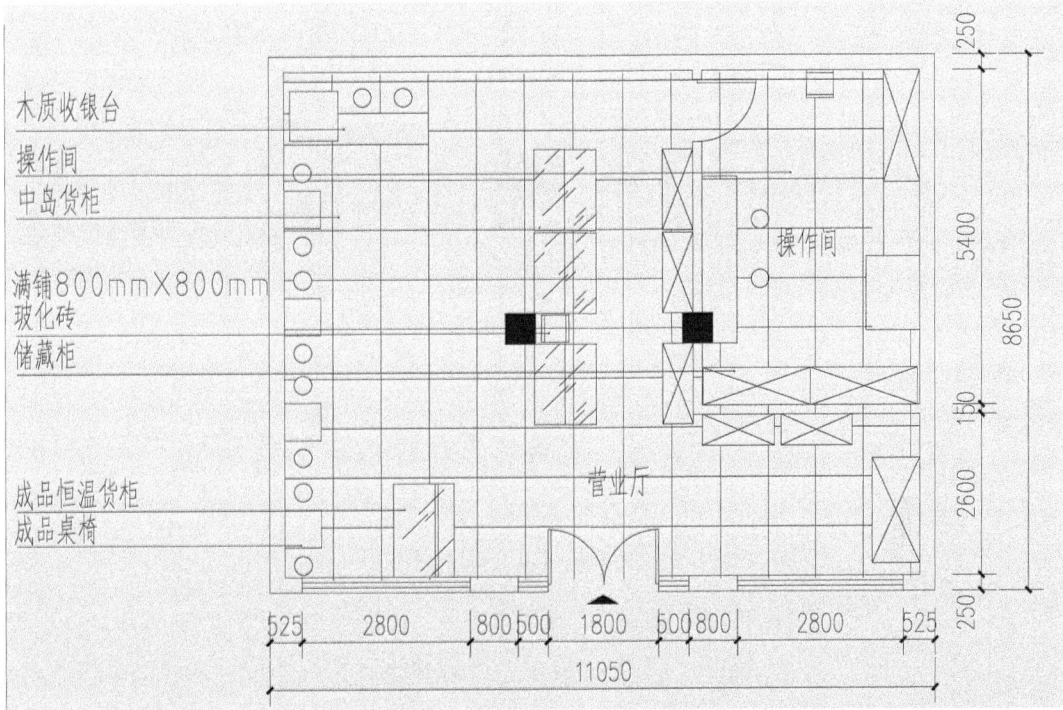

木质收银台
操作间
中岛货柜

满铺800mm×800mm
玻化砖
储藏柜

成品恒温货柜
成品桌椅

操作间

营业厅

250
5400
8650
150
2600
250

525 2800 800 500 1800 500 800 2800 525
11050

图5-34 某食品专卖店平面布置图

2. 请根据某商业营业厅平面布置图，构思并绘制建筑主立面图2个，要求从不同角度构思，建筑外立面风格不同，制图比例为1:50。某商业营业厅平面布置图如图5-35所示。

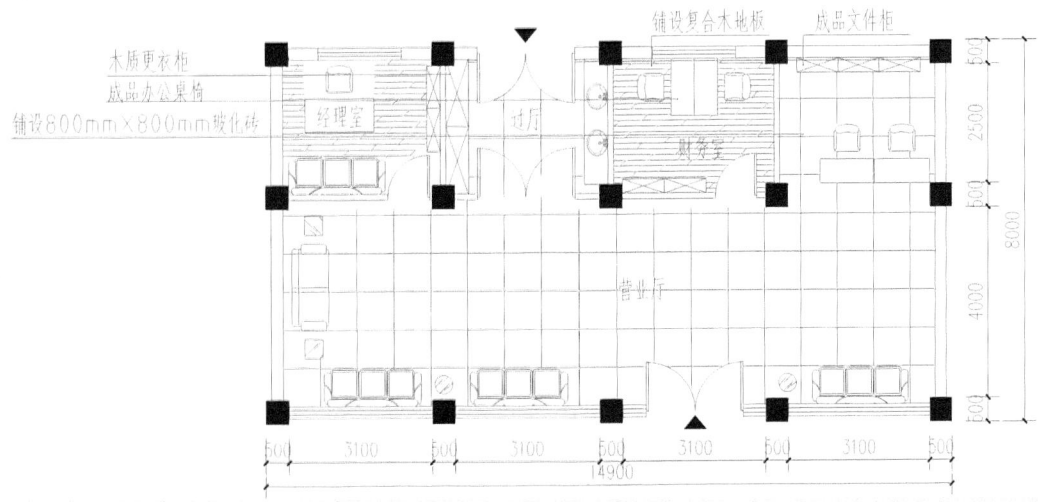

木质更衣柜
成品办公桌椅
铺设800mm×800mm玻化砖

铺设复合木地板   成品文件柜

经理室

过厅

财务室

营业厅

500
2500
500
8000
4000
500

500 3100 500 3100 500 3100 500 3100 500
14900

图5-35 某商业营业厅平面布置图

第六章
建筑结构概述

本章课程概述 本章从建筑结构基本概念入手，分析建筑结构的作用；从传统的建筑结构形式和现代建筑结构形式两个方面展开讲解，将建筑结构形式与建筑实例相结合。

本章学习目标 理解建筑结构的基本概念和作用，掌握传统与现代建筑结构名称及其特征，学会在生活中观察建筑实例，并分析其建筑结构形式。

本章教学重点 重点掌握传统与现代建筑结构名称及其特征，养成生活中观察建筑的习惯，并分析其建筑结构形式。

第一节
建筑结构的概念与作用

一、建筑结构的概念

建筑结构是指在建筑物或构筑物中，由建筑材料做成用来承受各种荷载或者作用，以起到骨架作用的空间受力体系。荷载是使结构或构件产生内力或变形的外力或其他因素，比如：建筑中的柱、梁、板等结构构件的自重，楼地面上的家具、设备、行走的人，屋顶上的雨雪等。

二、建筑结构的作用

建筑结构的作用主要体现在它能够承受各种荷载和地震对建筑物的影响。（1）竖向荷载。竖向荷载包括结构自重、设备自重、楼面活荷载和雪荷载。楼面活荷载主要是指人群走动、室内家具、灯具和其他各种陈列品等。（2）风荷载。当大风呼啸着吹向建筑物时，外墙窗户有时会遭到破坏，窗户构件或是玻璃被吹落的现象时有发生，这是典型的风荷载的作用，尤其是高层建筑物在设计时应充分考虑风荷载对建筑物的影响。（3）施工荷载。建筑结构设计与建筑施工是密不可分的，建筑结构设计是建筑施工的前提，结构设计的安全性分析是保证结构施工安全，避免结构出现早期损伤的重要措施，很有必要了解结构的施工荷载，它主要包括结构重力、施工设备、风力等方面。（4）抵抗地震的破坏。建筑结构可以在一定程度上减轻地震力对建筑物本身的损坏。

第二节
传统建筑的结构形式及应用

一、木结构

在第一章、第二章的内容中我们已经谈及木结构建筑，木结构是我国古代传统建筑中最主要的结构形式，它的诞生与发展历程可以贯穿于整个中国古代建筑历史中，那么木结构有怎样的特点呢，它的建筑适用范围是哪些呢？

木结构的建筑可以就地取材，运输成本低廉，施工方便，质量轻，硬度相对较强。不足之处在于木结构建筑易被水所腐蚀，易虫蛀、易燃、易裂、易变形，建筑空间受到木材天然尺寸的限制。

木结构适合跨度小于21米的工业与民用建筑，建筑室内空气相对湿度需≤70%，室内温度≤50℃，如图6-1~图6-4所示。

图6-1　木构建筑空间结构实景图

图6-2　木构建筑空间结构模型图

图6-3　水乡民居采用木石结构，木材的树种较名贵，因而材料本身还具有防虫蛀的功效

图6-4　某纪念馆主体建筑采用红色砖木混合结构，这是典型的西方会议大厦造型

二、拱券结构

拱券是拱和券的合称，常运用砖、石、土木砌筑而成，既有一定的承重作用，又有一定的装饰作用。从外形上看，拱券有圆弧形、马蹄形、尖形、三叶形等类型。古代罗马帝国时期的建筑大量运用了拱券技术，而我国古代拱券技术用于地面建筑始于魏晋时期的砖砌佛塔。拱券技术在建筑中的应用一直延续至今，我们可以在生活中见到一些拱券结构的建筑实例，如图6-5和图6-6所示。

（a）

（b）

图6-5 位于武汉市武昌区昙华林的仁济医院旧址，底层为连续罗马券拱廊

图6-6 具有西班牙风格的拱券结构建筑

第三节
现代建筑的结构形式及应用

一、混合结构

混合结构其特点主要表现在以下方面：（1）混合结构主要承重结构为砖墙，取材便捷；（2）混合结构多层房屋的纵墙与横墙布置，较容易符合刚性方案的构造要求；（3）混合结构房屋中，建筑面积上所使用的钢材、水泥、木材等用量相对较小。混合结构主要适用于五层及五层以下的建筑，如住宅、宿舍、办公楼、学校、医院等民用建筑以及中小型工业建筑，如图6-7所示。

二、框架结构

框架结构的最大特点是承重构件与围护构件有明确分工，结构与非结构之间有明确分界。建筑构件中的梁、柱、板属于承重结构，墙体、门窗为围护结构与构件。由于墙体不承重，因此建筑平面设计较为灵活，室内空间中的非承重墙可自由划分空间。

在实际应用中，框架结构往往与承重墙、承重板材相结合，并与承重墙混合布置，被称为半框架结构。它结合了承重墙与框架结构的优点，一般是外部做承重墙，并采取包围隔热措施；内部采用柱、梁承重，减少了结构面积，使建筑获得较大的空间，并且使建筑平面空间的布置有一定程度的灵活性。纽约帝国大厦的结构体系就为钢框架结构，如图6-8和图6-9所示。

图6-7 采用混合结构体系的某教学楼建筑设计方案
中信建筑设计研究总院有限公司

图6-8 纽约帝国大厦外景

图6-9 采用框架—剪力墙结构的高层建筑

◀ 三、框架—剪力墙结构

　　框架—剪力墙结构是在框架结构体系的房屋中设置一些剪力墙来代替部分框架，在整个结构体系中，框—剪同时存在。剪力墙负担绝大部分水平荷载，而框架则以负担竖向荷载为主，这种结构体系属于半刚性结构体系。

　　框架—剪力墙结构体系主要适用范围为：（1）25层以下房屋；（2）地震区七度设防时高度可达100m，八度设防时高度可达90m，九度设防时高度不宜超过40m，建筑物的高宽比不宜大于4:1 ～ 5:1。

四、网架结构

网架结构是一种大面积的刚性覆盖结构。其特点如下：（1）网架是多向受力的空间结构，跨度一般可达30～60m，甚至超过60m；（2）用料省。比桁架结构节省30%用材；（3）结构安全性强；（4）形式美感强，为室内装饰提供一个相对大的空间；（5）有可能影响大型剧场、体育场馆中的声环境；（6）对施工与安装有一定的要求。著名建筑实例如北京首都机场3号航站楼T38屋面为双曲面外形，呈飞机体状，南北方向长约958m，东西方向宽约775m，设计者是诺曼·福斯特先生，如图6-10和图6-11所示。

图6-10 北京首都机场3号航站楼俯视效果图

图6-11 某商业空间中的网架结构顶棚

五、薄壳结构

薄壳结构是充分发挥钢筋混凝土受力性能的一种高效能空间结构,壳体结构薄、自重轻、跨度大、种类多,且形式丰富多彩。这种结构形式可适用于各种建筑平面。薄壳结构材料刚性强,其结构形式为曲面性,这种壳体可以大大降低结构自重和材料的消耗,从而达到建筑大跨度的要求。薄壳结构不足之处在于体型复杂、计算困难、施工不便、物理指标差、板厚过小、隔热效果不够理想,且长期日晒雨淋容易开裂。薄壳结构可广泛应用于大展览厅、俱乐部、飞机库、食堂、工业厂房和仓库等,而对大量性、小跨度的工业与民用建筑不太适用,聚焦、音响效果要求高的场所也不宜采用。薄壳结构类型可分为单向曲面壳和双向曲面壳。著名的建筑实例是位于澳大利亚的悉尼歌剧院,如图6-12所示。

图6-12 悉尼歌剧院建筑外景

六、折板结构

折板结构是由若干的狭长形薄板按照一定角度相交连成折线形的空间薄壁体系。我国常用的折板为预应力混凝土V字形折板,该折板具有制作简便、安装方便与节省材料的优点。目前我国施工的折板跨度已达到27m,适用于车间、仓库、车站、商店、学校、亭廊、体育馆看台、住宅等工业与民用建筑的屋盖。此外,折板还可用于外墙、基础和挡土墙,如图6-13所示。

图6-13 折板结构建筑

七、悬索结构

悬索结构是利用高强度钢束张拉在几个固定构件之间形成的，优点在于节约钢材、受力合理、屋面结构轻，易成型，可以创造具有良好物理性能的建筑物，成本相对较低。悬索结构主要用于体育馆、会议厅、展览馆等公共建筑，也可用于桥梁等构筑物。例如，1961年建成的北京工人体育馆，采用圆形双面索网；杭州体育馆采用马鞍形悬索结构；日本东京代代木国立综合体育馆采用悬索结构，如图6-14所示。

图6-14 东京代代木国立综合体育馆外观

八、钢结构

钢结构的特点包括如下几个方面：（1）强度高，塑性和韧性好；（2）材质均匀；（3）可焊性好；（4）耐腐性差，钢材表面需加以保护；（5）耐热不耐火。钢结构主要适用于飞机库、体育馆、大型展览馆、会堂等大跨度建筑和高层建筑，如图6-15所示。

图6-15 采用钢结构形式的奥运建筑

九、桁架结构

桁架结构由上弦杆、下弦杆、斜腹杆和竖杆组成。其特点有如下方面：（1）有效发挥材料潜力，扩大了梁式结构的适用跨度；（2）多种材料可适合制作桁架，如钢筋混凝土、钢、木等；（3）桁架造型丰富多样，可为三角形、梯形、弧形等；（4）施工方便，桁架可整体制作完成后吊装，也可以现场拼装。桁架结构主要适用于屋架、大跨度结构、高层建筑和桥梁等，如图6-16和图6-17所示。

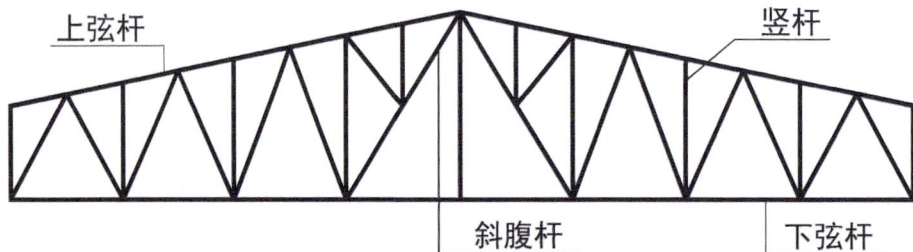

图6-16 架结构的组成

图6-17　某桁架结构空间

十、膜结构

　　膜结构是一种建筑与结构完美结合的结构体系。它是用高强度柔性薄膜材料与支撑体系相结合形成的稳定曲面，具有一定的刚度，能承受一定外部荷载的空间结构形式。膜结构具有自由轻巧、阻燃性强、易加工、易安装、节能、易使用、安全性强的优点。膜结构主要应用在大型体育场馆、建筑景观小品、公众休闲娱乐广场、展览会场、购物中心等。

　　北京2008奥运体育场馆——国家游泳中心，采用的就是膜结构—ETFE材料，其蓝色表面出乎意料的柔软而又充实。整个场馆建筑面积在6.5万～8万m²，坐席数17000个，其中永久坐席数6000个，临时坐席数11000个。国家游泳中心的创意，来自于细胞组织单元的基本排列形式，以及水泡、肥皂泡的天然构造，如图6-18所示。

图6-18　国家游泳中心外观夜景图

本章小结

本章主要介绍了建筑结构的概念与作用和常见的建筑结构形式。同学们应重点熟记建筑结构名称，掌握建筑结构的特点及适用范围。

本章思考题

1. 什么是建筑结构？建筑结构的作用有哪些？
2. 常见的建筑结构形式有哪些？它们的特点是什么？适用范围是什么？
3. 收集十个世界著名建筑的图片，注明其建筑的结构形式。

第 七 章

建筑模型制作

本章课程概述　本章从建筑模型分类入手，列举常用的建筑模型制作工具，分析建筑模型制作方法，赏析优秀建筑模型作品。

本章学习目标　从不同角度对建筑模型教学分类，熟悉常用建筑模型制作工具的操作方法，掌握建筑模型制作的一般方法，学会鉴赏建筑模型作品。

本章教学重点　学习常用建筑模型制作工具的操作方法，掌握建筑模型制作方法，鉴赏建筑模型作品。

第一节
建筑模型分类

一、按照建筑模型制作深度划分

按照建筑模型制作深度划分，建筑模型可分为概念模型、标准模型和展示模型。

概念模型主要用于建筑设计构思阶段，帮助设计师、建筑师快速创建建筑的三维空间形象、理顺建筑与环境的关系。概念模型具有选材自由、建筑形体概括性强、建筑外部环境表现抽象等特点。标准模型是对概念模型的深化表达，帮助设计师和建筑师深化设计方案。标准模型更加接近真实的建筑形象，主要体现在建筑的比例与尺度感、建筑色彩、建筑材质表达等方面。标准模型可采用单一色彩表现，也可以采用自然色系表现。展示模型是设计成果展示的重要手段，是对真实建筑的等比例缩小，在建筑形体、细部处理、结构组织、建筑色彩等方面与真实建筑保持一致，如图7-1～图7-6所示。

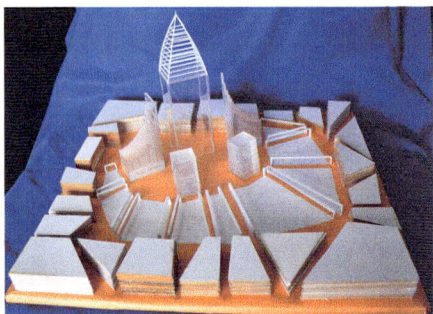

图7-1　模型板和亚克力制作的概念模型
杨宏楷 马瑞康 刘颖 陈霖峰 指导教师：潘磊

图7-2　有机板制作的概念模型
叶梦婷 吴梦程 谢宇迪 袁泉　指导教师：潘磊

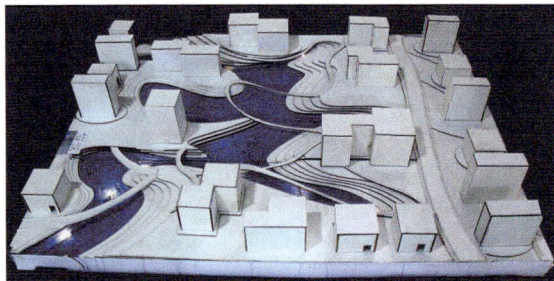

图7-3　模型板制作的概念规划模型　梁金鼎
指导教师：兰鹏

图7-4　单色标准模型 杨光 余意 高蘅 胡慧丰
指导教师：黄信

图7-5 别墅建筑展示模型 吴佳慧 胡锦一 赵博　　　**图7-6** 办公建筑展示模型 汪玉琴 张淑琴 张翼
　　　　　　指导教师：黄信　　　　　　　　　　　　　　　　　　　指导教师：黄信

二、按照建筑模型制作材料划分

　　按照建筑模型制作材料划分，建筑模型可分为木材模型、模型板材料模型、纸材模型、ABS材料模型、金属材料模型等。

　　木材在建筑模型制作中属于较为广泛使用的一种材料。木材根据其形态又可划分为木板、木条、木块、木片、木屑等。木板可以作为模型制作的底板和墙面材料。木条可以制作建筑支撑构件，如柱子、横梁等。木块、木片和木屑可以经过磨、切、刻、拼、接、喷、粘等手法制作成理想的建筑模型局部，如图7-7和图7-8所示。

　　　　（a）　　　　　　　　　　　　　（b）

图7-7 运用木条、筷子、木板、牙签等材料制作的木屋模型　　　**图7-8** 以木材作为主要材料的建筑模型
　　　　　　　　指导教师：费雯

　　模型板色彩为白色，价格较便宜，材质挺括且易于加工，厚度为3mm～5mm，是学生们制作模型时首选的建筑模型材料。模型板主要用于建筑墙面模型的制作，如需体现出建筑本身的色彩与材质，可以在模型板表面贴上合适的底纹纸或墙纸，或者在模型板表面进行喷漆处理，让墙面模型显得更加逼真，如图7-9所示。

（a）

（b）

图7-9 运用模型板作为主材的公共建筑模型
褚金媛 张莹 曹兴程 陈博文　指导教师：黄信

纸材分为卡纸、底纹纸、墙纸、壁纸、瓦楞纸等，其中卡纸硬度较强，常用于建筑墙面模型制作；底纹纸、墙纸、壁纸等装饰性强，主要用于建筑外墙面或室内界面装饰；瓦楞纸主要用于建筑屋顶模型制作，如图7-10和图7-11所示。

图7-10 卡纸模型　文巧玲

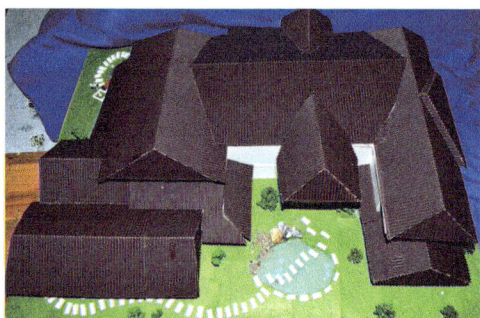
图7-11 用瓦楞纸制作的屋顶
胡蓉 周瑾如 易思凡 蔡思雅　指导教师：黄信

用于制作建筑模型的ABS板厚度一般为0.5mm～10mm，该材料具有强度高、韧性好、可塑性强的特点。当今建筑模型公司常用该材料制作建筑墙体模型。具体加工方式为用计算机雕刻设备画线、切割，用喷漆上色，用205胶或三氯甲烷进行粘接，如图7-12所示。

铝合金板、钢板、铁丝、铁钉、铁皮等金属材料都可以作为建筑模型制作的材料。这些金属材料依据形态大体分为面材类、管材类和线材类。面材类金属材料主要用于墙体模型的制作；管材类金属材料主要用于结构构件的制作，如柱子、窗棂、廊架等结构等；线材类金属材料主要用于植物主干的制作。另外，金属钉可用于模型局部的固定，如图7-13所示。

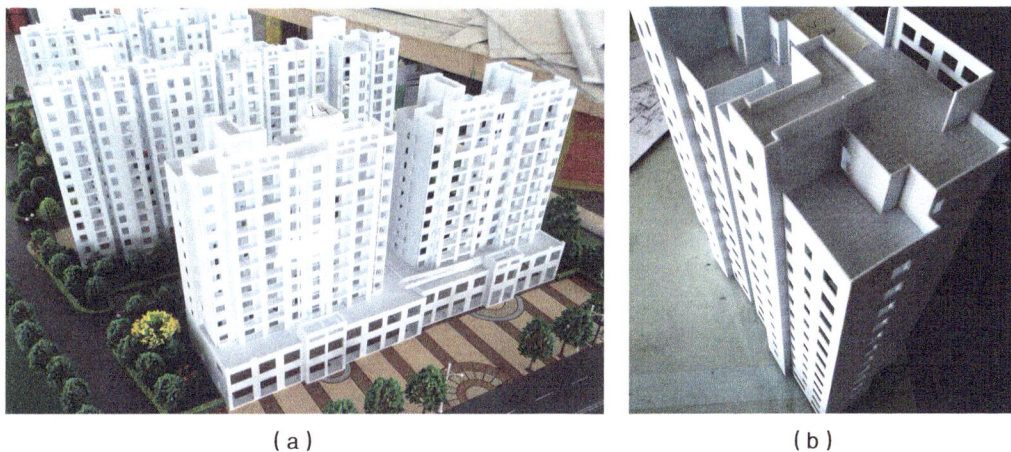

（a）　　　　　　　　　　　（b）

图7-12　用ABS板作主材的住宅模型　武汉赛悦建筑模型设计有限公司

图7-13　铝板制作的模型　林翔

三、按照建筑模型表现内容划分

按照建筑模型表现内容划分，建筑模型可分为居住建筑模型、公共建筑模型、工业建筑模型和农业建筑模型。

在居住建筑模型中，住宅建筑模型、别墅建筑模型和住宅室内空间模型最为常见。在房地产开发中有大量的居住区规划设计项目，开发商为了促销，根据项目内容，委托建筑模型公司制作了居住区规划模型，并在规划模型中制作了一组组、一排排的建筑模型。为了展示室内空间构成与形态，通常模型公司还会制作不同户型的室内空间模型供客户观摩，如图7-14和图7-15所示。

图7-14 某居住区规划模型局部
武汉赛悦建筑模型设计有限公司

图7-15 户型模型
武汉赛悦建筑模型设计有限公司

公共建筑模型的表现内容十分广泛，如办公建筑模型、教育建筑模型、医疗建筑模型、餐饮娱乐建筑模型、观演建筑模型、园林建筑模型、交通建筑模型等，如图7-16～图7-18所示。

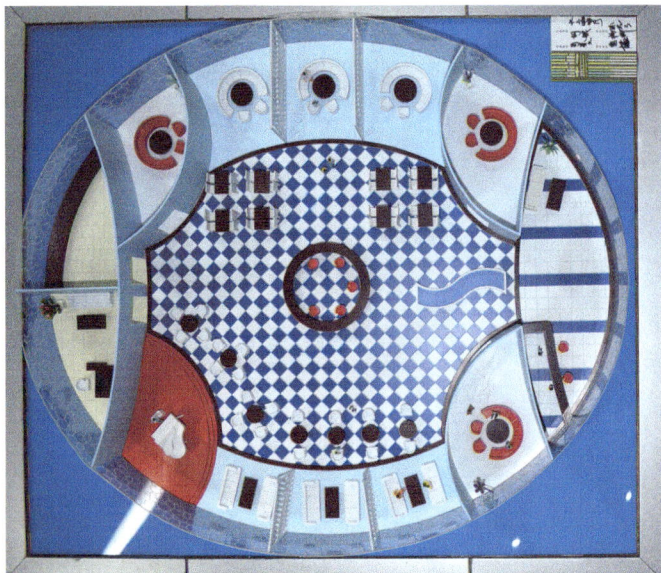

图7-16 餐厅室内空间模型 胡银 肖景文 指导教师：曹喆 杨柳

农业建筑模型主要是指表现农业、农牧业生产和加工的建筑模型，如温室模型、饲养场建筑模型、粮食加工站模型、农机修理站模型等。

工业建筑模型是指用于工业生产的各类建筑模型，主要包括生产车间模型、动力用房模型、仓储建筑模型等。工业建筑模型分为静态模型和动态模型。这是反映工业区各个建筑空间相对位置的模型，又称为静态工业建筑模型。动态建筑模型可以展示主要部件的运作关系。

图7-17　某园林建筑模型　王晨 金雯婷 刘天笑
指导教师：黄信

图7-18　博学中学模型 王馨 刘雅蕙 枉达丰

四、按建筑模型体量分类

按建筑模型体量分类，建筑模型可分为微缩模型和足尺模型两大类。

微缩模型是按照一定的比例缩小真实建筑，比例尺可以根据模型底座规格设定模型比例大小，如1:20、1:50、1:80、1:100、1:150等，如图7-19所示。

图7-19　某艺术中心模型 罗茜 余乐 叶飞

足尺模型是按照1:1的比例制作的模型，它的尺寸与真实的建筑一样。足尺模型多见于房地产开发楼盘中的样品房、展厅设计、家具制作和特殊要求的模型设计中，如图7-20和图7-21所示。

图7-20 足尺模型效果
张欢 赵坤 宋思思 凌之璐
指导教师：张凌

图7-21 足尺模型局部
张欢 赵坤 宋思思 凌之璐
指导教师：张凌

第二节
常用建筑模型制作工具

常用的建筑模型制作工具分为绘图工具、切割工具、粘贴工具和打磨表现工具。

一、绘图工具

绘图工具主要用于建筑模型图纸的绘制，主要有铅笔、橡皮、丁字尺、三角板、建筑模板、分规、塑料直尺、钢尺、比例尺、曲线板等。铅笔、橡皮主要用于绘制模型草图与图线的修改；丁字尺是在绘制图纸时配合绘图板使用，可结合三角板绘制特殊角度的斜线；一套完整的三角板可绘制15度整倍数的角、水平线和垂直线；建筑模板主要用于绘制不同比例的图形或家具平面；塑料直尺和钢尺用于绘制直线，度量线段长度；比例尺可以帮助制作者按照比例绘制建筑模型图纸，如图7-22～图7-26所示。

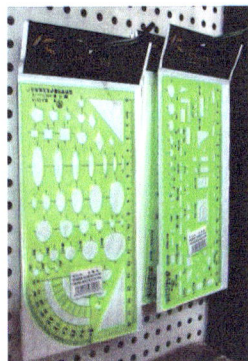

图7-22 建筑模板

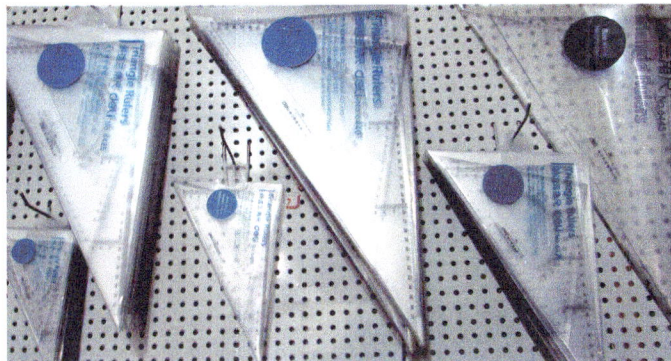

图7-23 三角板

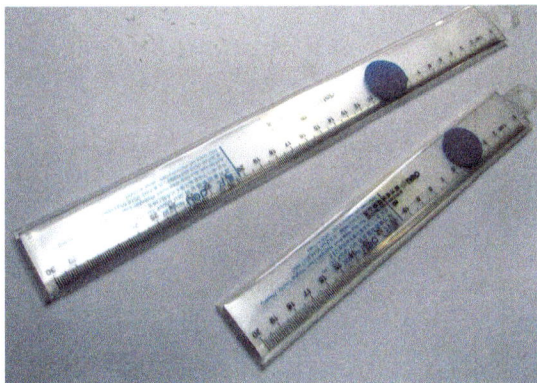

图7-24 塑料直尺

图7-25 钢尺

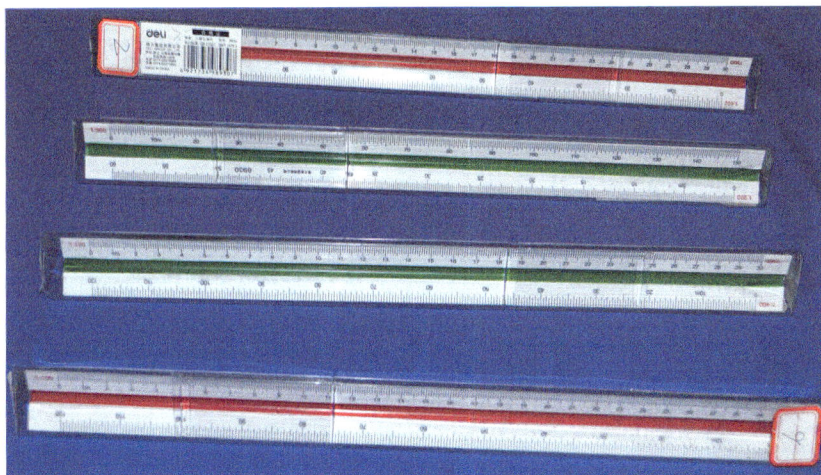

图7-26 比例尺

二、切割工具

切割工具是建筑模型制作的最基本的工具，分为手工切割工具和电动切割工具两大类。手工切割工具主要有裁纸刀、木刻刀、钩刀、手锯、铁锯、锉子、钳子、锤子、起子、台虎钳等。电动切割工具主要有空压机、木工线锯机、电脑与激光雕刻机等。

裁纸刀主要用于切割各种纸材，如卡纸、底纹纸、即时贴贴纸等；木刻刀用于木材上的雕刻，可以雕刻出各种装饰图案；钩刀主要用于切割各种塑料板材；手锯、铁锯主要用于切割木材、塑料等材料；锉子、钳子、锤子、起子、台虎钳是切割辅助工具；空压机是气枪、射钉枪的驱动设备，也可以用于金属表面喷漆；木工线锯机、计算机与激光雕刻机主要用于电动切割模型材料。如图7-27～图7-39所示。

图7-27 裁纸刀

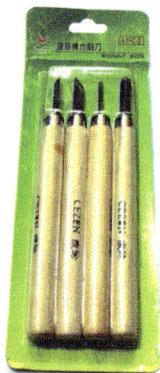
图7-28 木刻刀

图7-29 钩刀

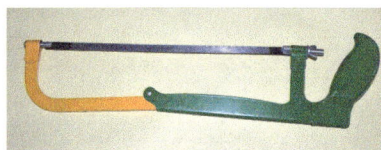
图7-30 手锯

图7-31 铁锯

图7-32 锉子

图7-33 钳子

图7-34 锤子

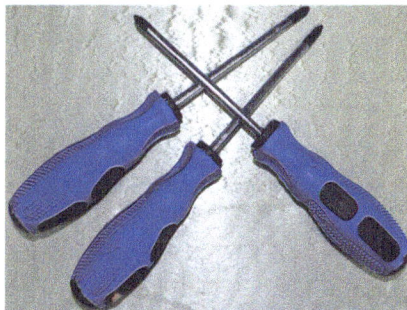

图7-35 起子

图7-36 台虎钳

图7-37 空压机

图7-38 木工线锯机

图7-39 电脑与激光雕刻机

三、粘贴工具

粘贴工具主要是指各种黏合剂，其中常用的粘合剂有502胶、白乳胶、UHU胶、双面胶、透明胶等。

502胶使用方便，瞬间粘接，在建筑模型加工中主要用于粘接塑胶、橡胶、木材等材料，如图7-40所示。

白乳胶是一种水溶性黏合剂，在建筑模型加工中主要用于粘接塑胶、橡胶、木材等材料，如图7-41所示。

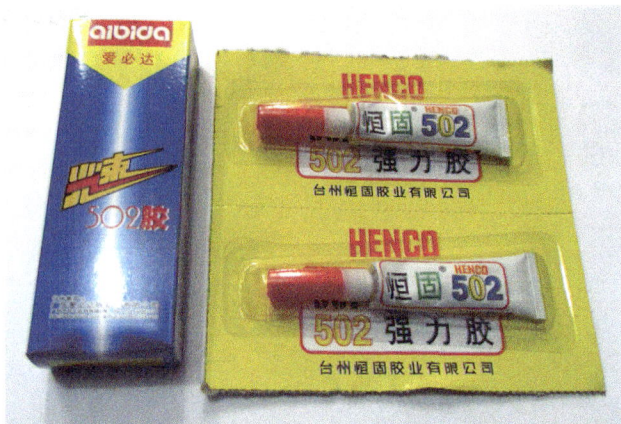

图7-40　502胶

图7-41　白乳胶

UHU胶在建筑模型加工中主要用于粘接木头、纸、塑料、纺织物、皮革、玻璃、金属、橡胶等材料。如图7-42所示。

高性能结构AB胶可以粘接ABS、PVC、有机玻璃、陶瓷、木材等同种或异种材料，如图7-43所示。

图7-42　UHU胶

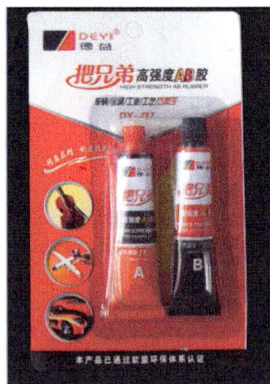

图7-43　高性能结构AB胶

透明胶和双面胶主要用于粘接纸材、木材等材料，如图7-44和图7-45所示。

图7-44　双面胶

图7-45　透明胶

四、打磨表现工具

打磨表现工具主要是指各种砂纸、各类颜料、喷漆等。材料表面经过砂纸打磨后，会显得更加光滑。颜料和喷漆主要用于建筑界面的装饰。在选择颜色时应注意建筑模型各部件的色彩搭配，同时满足委托方对建筑模型色彩的要求，如图7-46～图7-49所示。

图7-46　砂纸

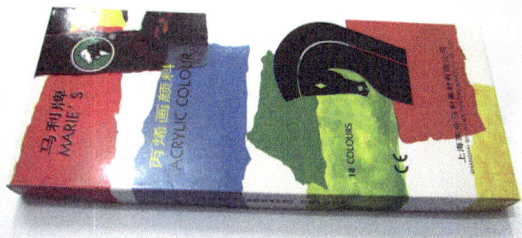

图7-47　丙烯颜料

图7-48　丙烯颜料涂刷后的咖啡厅建筑墙面模型
赵妍 周捷 刘琴　指导教师：黄信

图7-49　手喷漆

第三节
建筑模型制作方法

根据课程考核内容与要求，或根据委托方对建筑模型内容、深度与要求来制订模型制作的具体流程。而对概念模型、标准模型的制作，流程上可以做适当删减。

建筑展示模型的一般制作流程如图7-50所示。

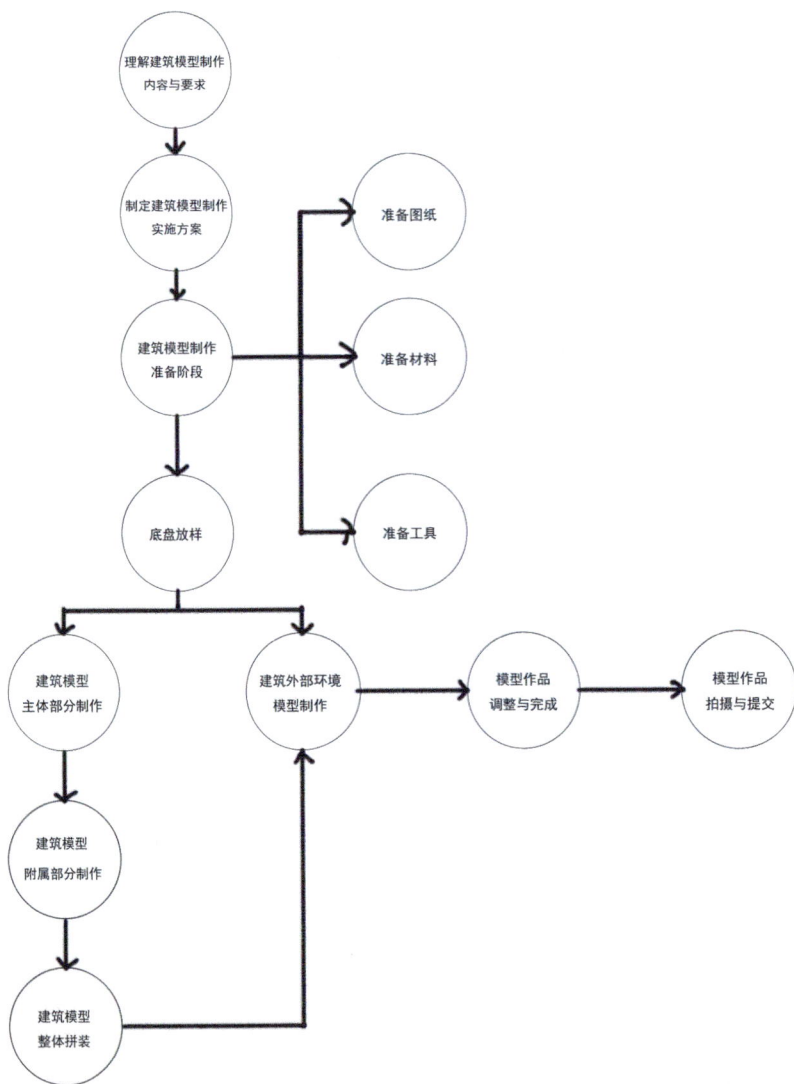

图7-50 建筑模型一般制作流程示意图

一、理解模型制作主题与要求

就本课程考核而言，模型制作的主题以大学生日常生活中经常使用的建筑类型为主，如住宅、别墅、宿舍楼、教学楼等；或者以日常生活中经常接触的建筑类型为主，如商场、售楼部、园林景观建筑等；或者选用较为合适的世界著名建筑作为模型制作对象，其中不乏有居住建筑、教育建筑、宗教建筑等建筑类型。模型制作要求会对模型制作深度、色彩表现形式、比例及底座尺寸、制作材料、表现重点、制作周期等方面做具体规定。

建筑模型公司受建筑设计公司和建筑设计院的委托制作方案模型和展示模型，其建筑类型丰富多样，模型制作精度要求也较高。有时根据委托方的要求，模型公司在制作模型时还需配有声、光、电技术，甚至需要结合三维动画漫游的表现形式，多方面、多视角、可视化、形象化、仿真化地展示建筑功能、建筑形象与建筑空间，给观众身临其境的感受。

二、制订模型制作实施计划

根据建筑模型制作内容与要求，结合本课程教学特点，制订模型制作的实施计划。建议列出模型制作时间进度表，以36学时实践教学为例，如表7-1所示。

表7-1　　　　　　　　　　　模型制作时间进度表

学时分配	建筑模型制作进度与安排
8	建筑模型图纸收集、绘制与整理
4	估算建筑模型制作材料用量、 建筑模型制作工具种类与数量、购买材料与工具
2	制作模型底座，底盘放样，确定模型各组成部分的空间位置
8	建筑模型主体部分的制作
4	建筑模型附属部分的制作
4	建筑模型整体拼装
2	建筑模型外环境的制作
2	建筑模型作品调整与完成
2	建筑模型作品拍摄，评讲作品，优秀作品留存

注：以上学时分配及进度安排，可根据各院校模型课程内容与特点做适当调整，但模型作品应达到建筑展示模型制作的深度。

三、模型制作准备阶段

根据课程教学特点，建筑模型制作准备阶段分为建筑模型图纸的收集与绘制、建筑模型材料与工具准备两步骤。

在制定模型制作实施计划后，同学们开始准备建筑模型所需要的图纸。图纸的准备方法有两种：一种方法是在建筑设计的同时进行建筑模型制作，该方法首先根据建筑设计任务书绘制出建筑的方案图或者建筑施工图，然后再根据图纸制作模型；另一种方法是首先收集完整的建筑模型图纸（有时候图片和图纸不够完整，模型制作者需要绘制和完善图纸，图纸上需有尺寸标注），然后再根据图纸制作模型，该方法操作简便。如没有明确模型制作比例，那么图纸绘制完成后，可根据建筑图纸确定建筑模型比例。建筑模型制作常用比例为1:10、1:15、1:20、1:30、1:50等，同学们也可以自定模型制作比例。模型的比例直接关系到模型底座的大小，根据比例可计算出模型的底座尺寸。

在建筑模型材料与工具准备阶段中，同学们可以根据建筑模型制作的实际所需，有选择性地购买模型制作的材料与工具，尽可能地在日常生活中运用废弃材料。此外，选择模型材料时还需要注意材料色彩间的搭配。

模型底座可以采用泡沫板、木板等材料，如底座表面凸凹不平，可以用包装纸装饰。如有同学希望制作模型夜景灯光效果，还需购买灯泡、二极管等照明材料。这些管线、设备等一般位于底座下方，如图7-51～图7-54所示。

图7-51　泡沫板

图7-52　木板

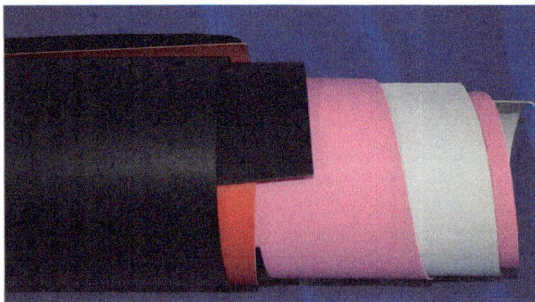

图7-53　包装纸

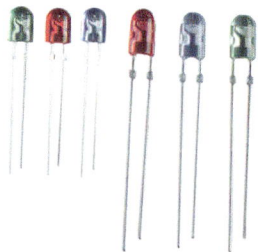

图7-54　二极管

四、底盘放样

底盘，又名底座。当底座制作完毕后，同学们需对图纸进行放样。即根据建筑图纸将图样等比例缩放到底盘上，且要求与图纸设计内容完全相同。然后，在图纸的背面垫上复写纸，用圆珠笔按照图纸线条描绘一遍。这样，就完成了底盘放样。

（一）建筑模型的操作

1. 建筑模型主体部分的制作

建筑模型主体部分主要包括墙体、门窗、屋顶、构造柱的模型。其中，墙体按照空间位置的不同又分为内墙与外墙。墙体常采用模型板制作。制作时应注重墙面转折处的处理，必要时可在墙面转角处使用木条，从而增加墙面粘接面积，使墙体模型更加牢固。当墙面模型为弧面或者曲面时，可采用嵌入式法或捆扎法固定，如图7-55所示。

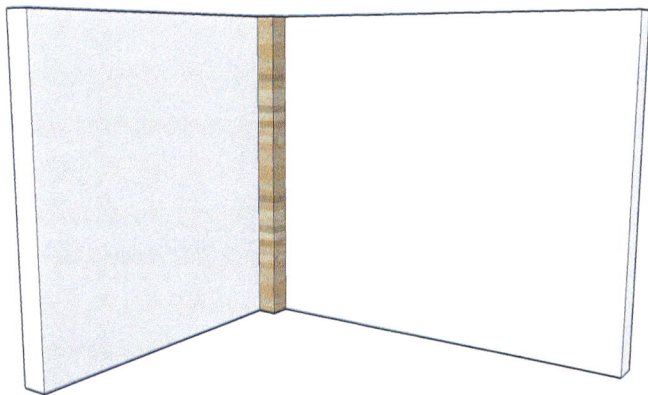

图7-55 墙面转折处示意图

2. 建筑模型附属部分的制作

建筑模型附属部分主要包括门窗、阳台、台阶和楼梯、雨棚等。在制作这些模型时，应满足建筑设计的要求。例如，阳台栏杆的高度应根据《民用建筑设计通则》GB50352-2005和《住宅设计规范》GB50096-2011中的规定：阳台栏杆设计应防儿童攀登，栏杆的锤子杆件间净距不应大于0.11m，放置花盆处必须采取坠落措施。低层、多层住宅的阳台栏杆不应低于1.05m；中高层、高层住宅的阳台栏杆不应低于1.1m。中高层、高层及寒冷、严寒地区住宅的阳台采用实体栏板；外窗窗台距楼面、地面的高度低于0.9m时，应有防护设施，窗外有阳台或平台时可不受此限制。窗台的净高度或防护栏杆的高度均应从可踏面起算，保证净高为0.90m。再如，台阶的踏步常用的高度尺寸如表7-2及图7-56所示。

表7-2 踏步常用高度尺寸

名称	住宅	幼儿园	学校、办公楼	医院	剧院、会堂
踏步高 h（mm）	150～175	120～150	140～160	120～150	120～150
踏步宽 b（mm）	260～300	260～280	280～340	300～350	300～350

3. 建筑模型整体拼装

在完成建筑模型构件制作后，需按照设计图纸，对建筑构件进行粘接与拼装，然后对模型整体进行打磨、上色。在此过程中有如下制作要点：

（1）建筑模型与图纸相符；

（2）屋顶与墙面应无缝对接；

（3）墙面转角处轮廓线应清晰而挺括；

（4）建筑基座、屋身、屋顶三部分比例正确，建筑界面上各构件之间比例正确；

（5）建筑展示模型色彩应与建筑实际色彩相符。

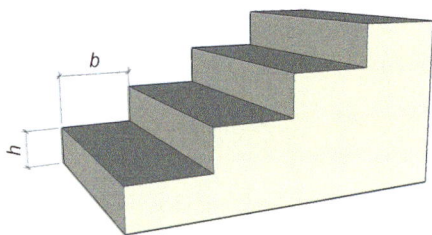

图7-56 踏步三维模型示意图

（二）建筑模型外部环境的制作

建筑模型外部环境包括建筑周围的道路、绿化、水体、景观小品与景观设施等要素的形态和空间位置。道路可采用锡纸、木片、模型板制作；绿化可采用绿地粉、绿篱与树木型材制作；水体可采用波纹纸和蓝色底纹纸或蓝色颜料制作；景观小品和设施可采用复合材料制作，制作时应注意比例与建筑模型保持一致，如图7-57 ～图7-60所示。

图7-57 用锡纸制作的道路

图7-58 用绿地粉、植物型材制作的"迷宫"

图7-59　用波纹纸、蓝色颜料、小石子制作的水面
涂嘉　颜雪莹　陈思 指导教师：曹喆

图7-60　水面模型 熊怡 聂晶

五、建筑模型作品的整体性调整与完成

该步骤分为如下几个方面：

（1）对模型细节的再检查与再调整；

（2）对模型完整性的再检查与再完善；

（3）对模型视觉效果与艺术效果的评估；

（4）完成模型作品。

六、对模型最终效果的拍摄，提交建筑模型

在拍摄模型作品时需把握三个原则。

（1）照片应高精度，尽量使用单反相机拍摄模型作品。如没有单反相机，可以采用高像素的数码相机进行拍摄，并在Photoshop软件中对照片做适当调整，打印分辨率以在300dpi为最佳。

（2）深色衬布（以黑色衬布为最佳）作为模型拍摄的背景，这样拍摄的照片模型轮廓线清晰，便于后期照片处理。

（3）尽量采用自然光拍摄，使用恒定光源进行拍摄时，需使拍摄于照明光源的方向呈45°左右水平夹角，从而以最佳的方式体现建筑模型的特色。

模型照片处理好后，可按照任课教师或模型制作委托方的要求提交模型作品。

第四节
建筑模型作品赏析

图7-61 现代公司厂区展示模型
王学林 夏添 曾昊 涂飞
（主要材料：模型板、玻璃胶片、底纹纸、各种型材）

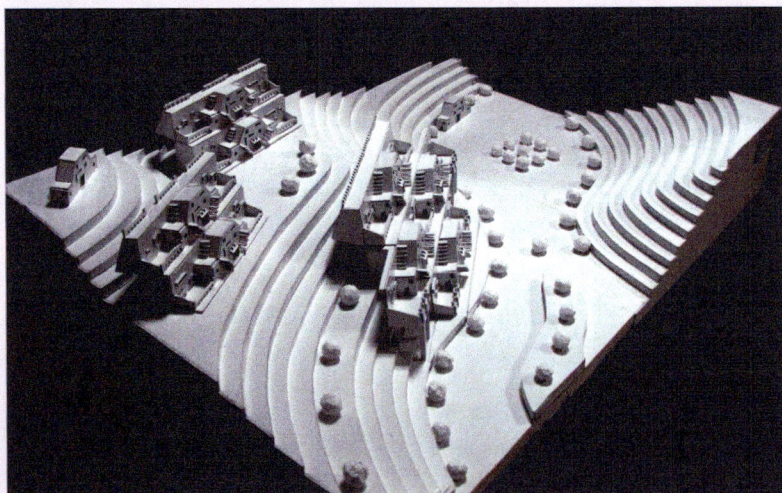

图7-62 新农村建筑模型
马珍 骆欢 陈凤莲 王璟
指导教师：兰鹏 （主要材料：模型板）

图7-63 某公共建筑模型　王锦丽 刘伟 周艺丹 舒敏
指导教师：潘磊（主要材料：底纹纸、玻璃胶板、植物型材等）

图7-64　流水别墅模型 涂嘉 颜雪莹 陈思　指导教师：曹喆
（主要材料：模型板、波纹纸、小石头、树型材）

图7-65 萨伏伊别墅模型 陈园园 袁园 郭声蒿 吴珊
指导教师：黄信（主要材料：模型板、PVC棒材、磨砂胶片等）

图7-66 某公共建筑模型（主要材料：ABS、植物型材等）

图7-67 某公共建筑模型 刘文
董雪文 黄凌霄 张小红
指导教师：黄信（主要材料：模
型板、PVC、磨砂胶片、绿地
粉、树型材等）

图7-68 某公共建筑模型 柯媛 胡月
陈星欣 李小庆（主要材料：模型板、
瓦楞纸、绿地粉、波纹纸、树型材等）

图7-69 某教学建筑模型 黄月
芬 曹宇 唐路 管青（主要材料：
模型板、PVC板、绿地粉、树型
材等）

图7-70 圆厅别墅模型 吴慧 雷晶晶 邹涵 吕婧等

图7-71 圆厅别墅模型局部 吴慧 雷晶晶
邹涵 吕婧等

图7-72 流水别墅模型 万令 王婧婧

图7-73 流水别墅模型 万令 王婧婧

本章小结

通过本章学习，同学们对建筑模型制作的分类、工具、制作方法等内容有了初步的认识，提高了其建筑模型的欣赏水平。

本章思考题

1. 考察文具用品店，进一步认识各种模型制作的工具。
2. 口述建筑模型制作流程。
3. 收集优秀的建筑模型作品照片十幅，分析模型使用了哪些材料。

附录

一、住宅建筑快题设计

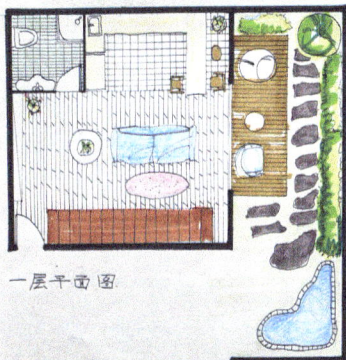

一层平面图

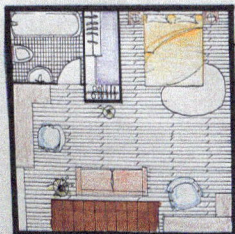

二层平面图

快题设计

一楼平面图

二楼平面图

快题设计

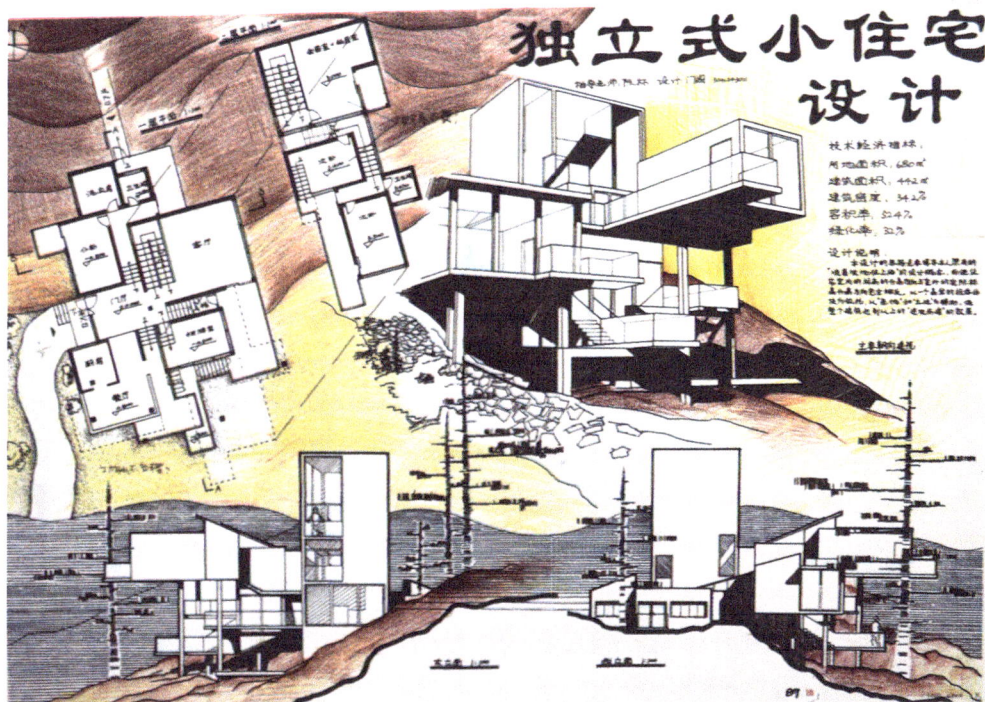

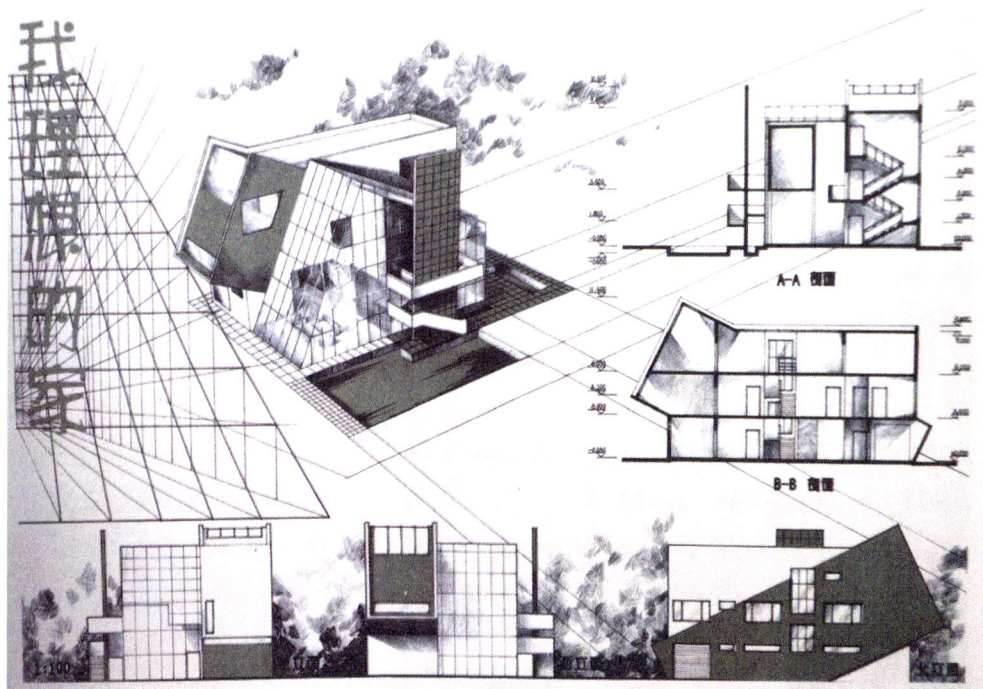

我理想的家

一层平面 1:100

二层平面 1:150

三层平面 1:150

总平面 1:500

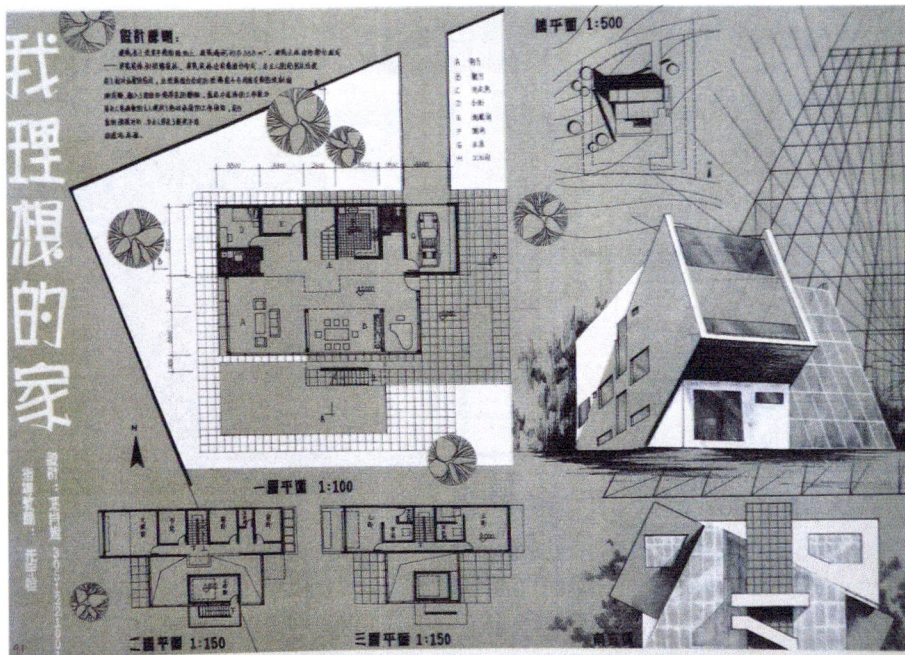

二、公共建筑快题设计

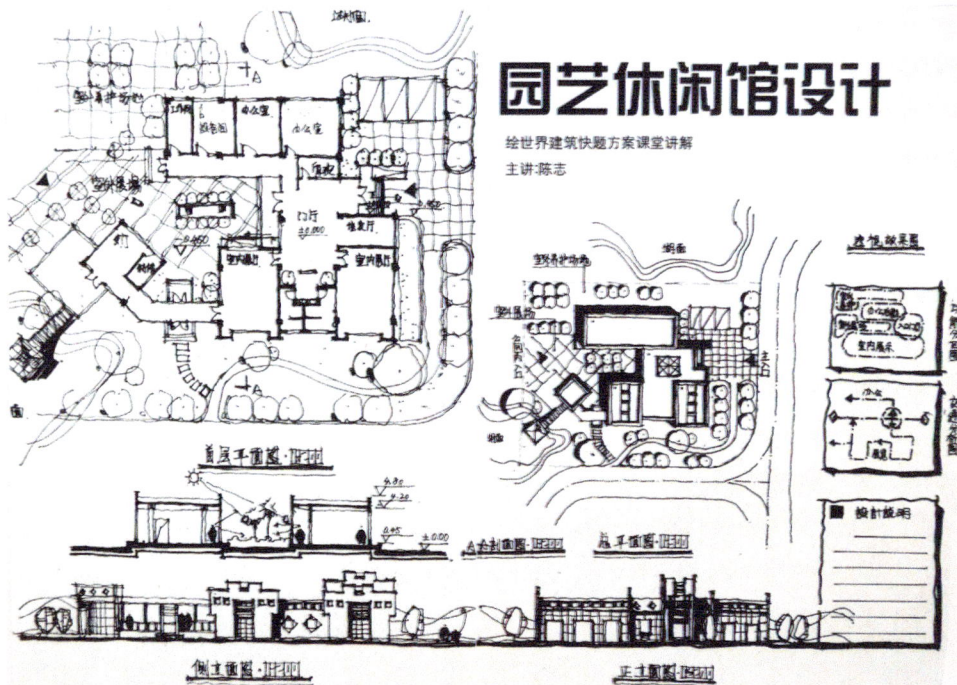

园艺休闲馆设计

绘世界建筑快题方案课堂讲解

主讲:陈志

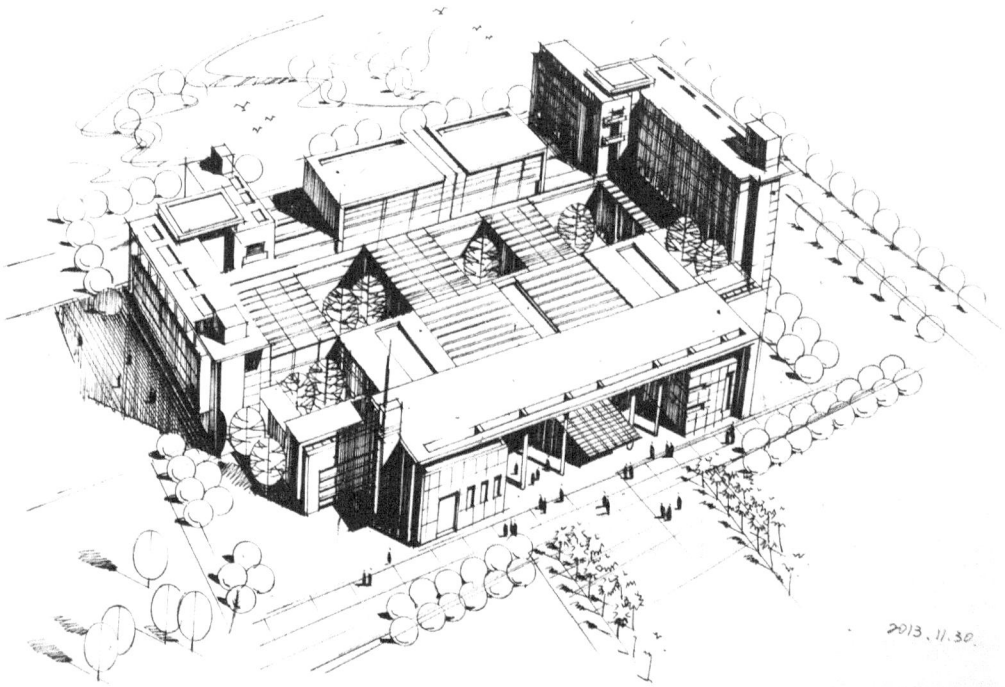

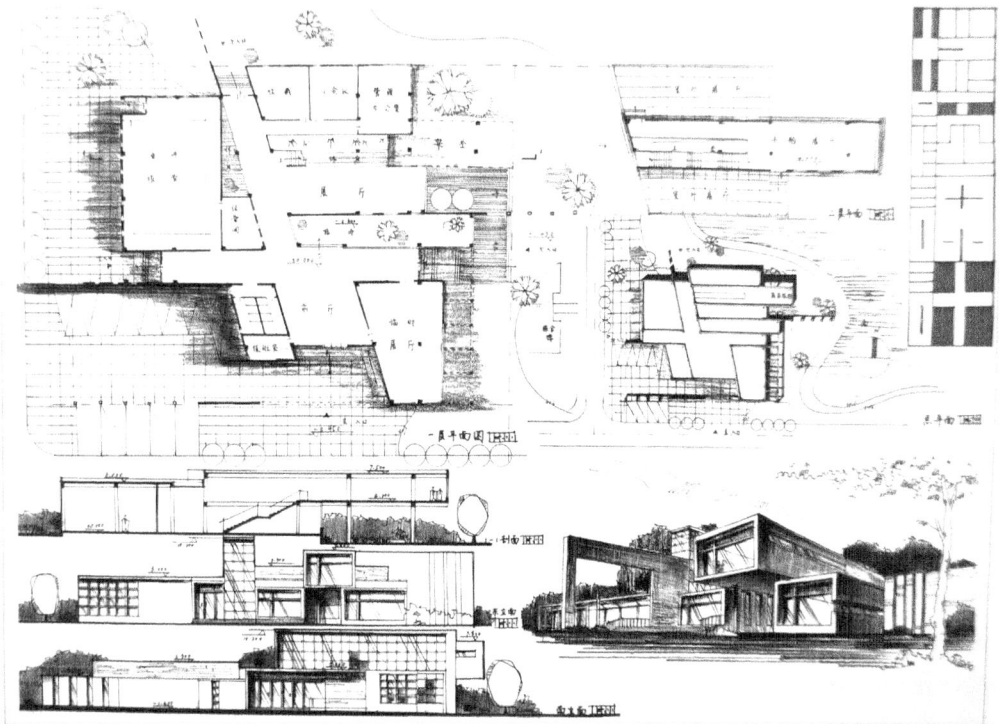

2013.11.30.

快題設計

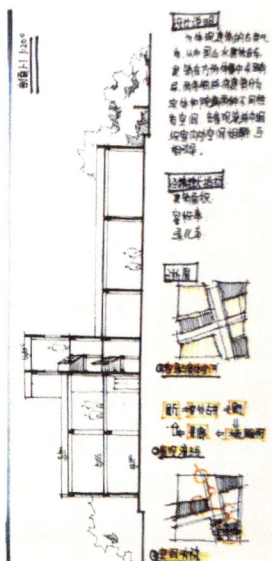

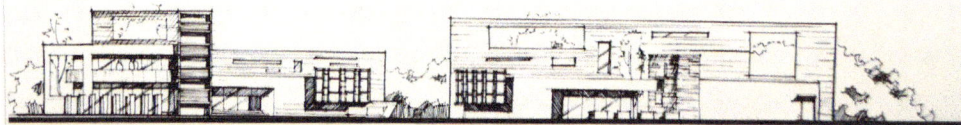

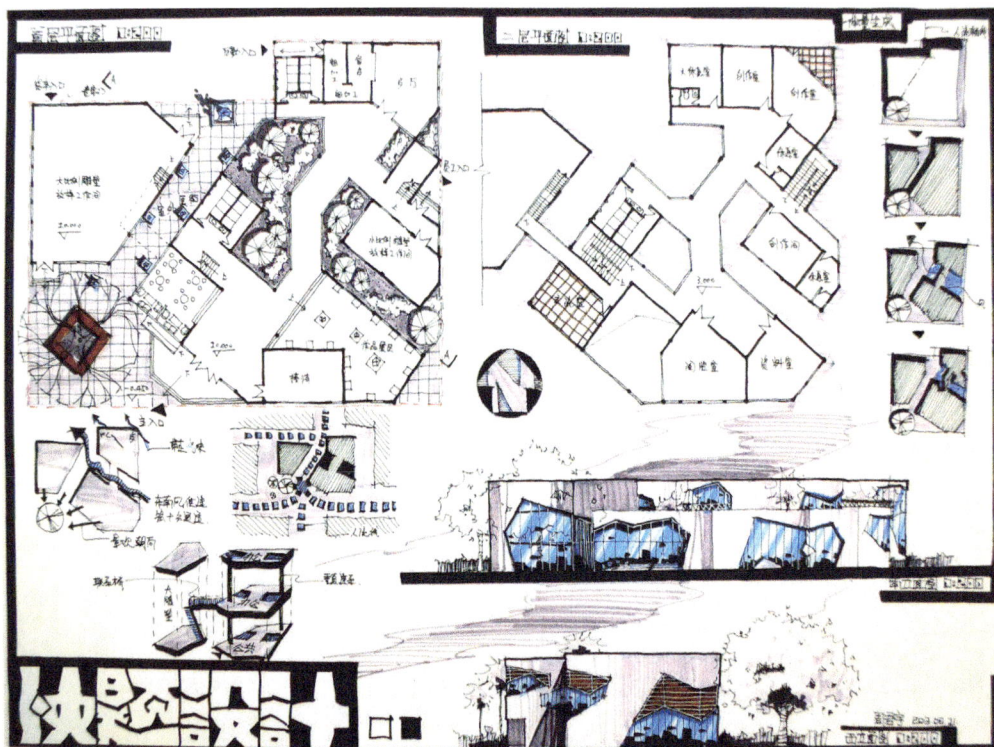

建筑设计初步

146

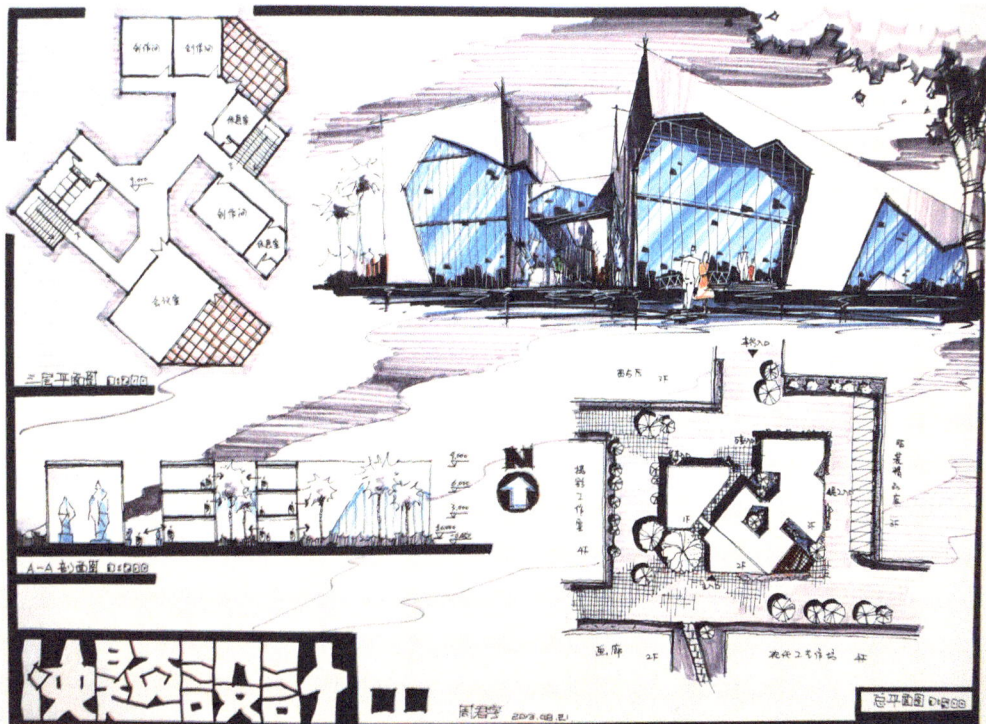

快题设计

快题设计 城市环境更新保护资讯中心

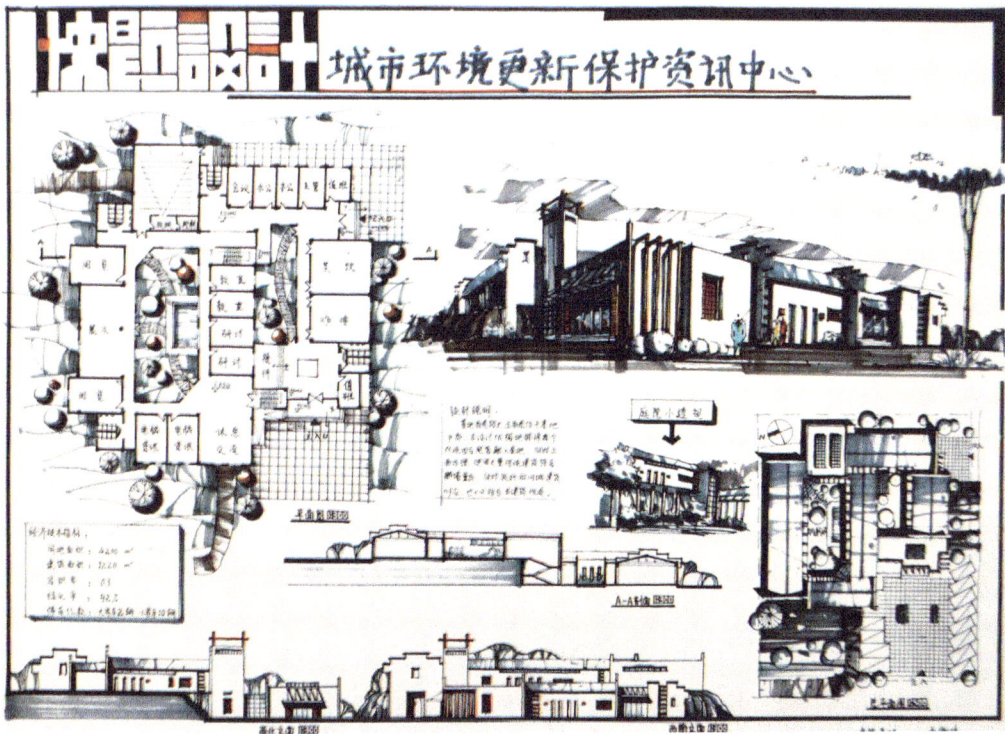

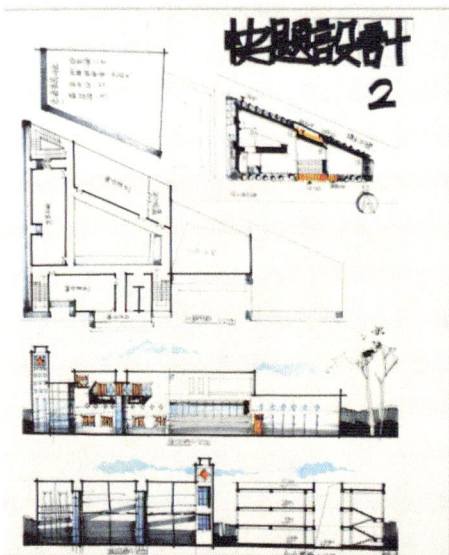

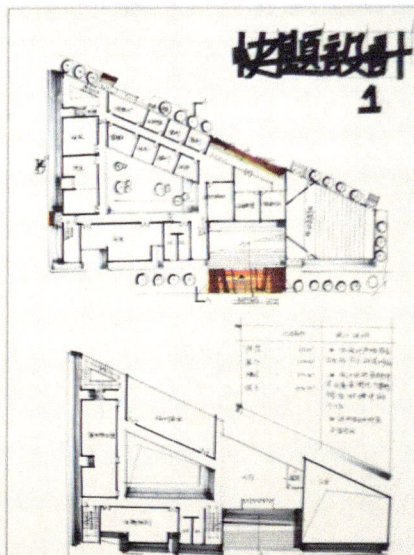

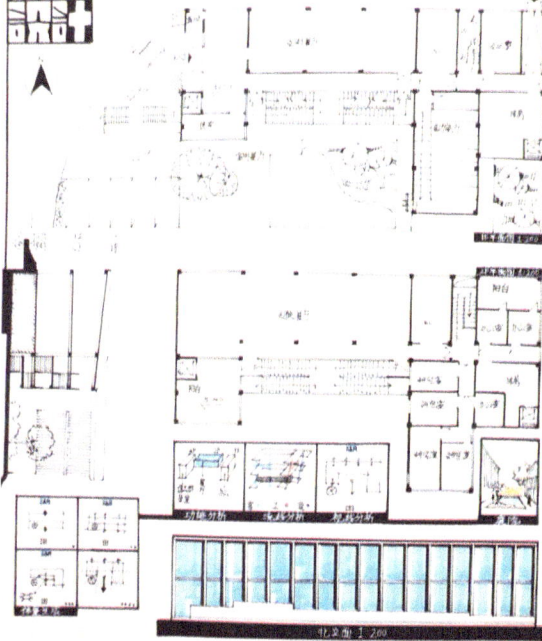

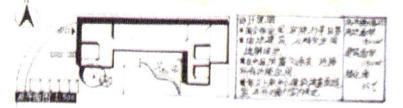

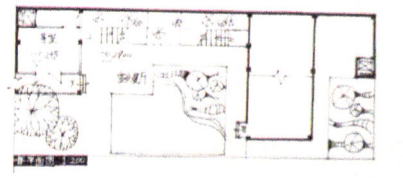

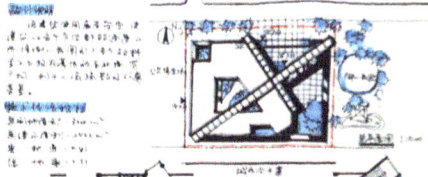

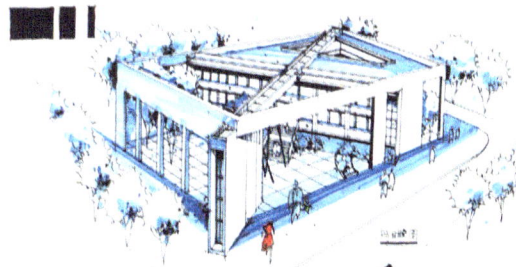

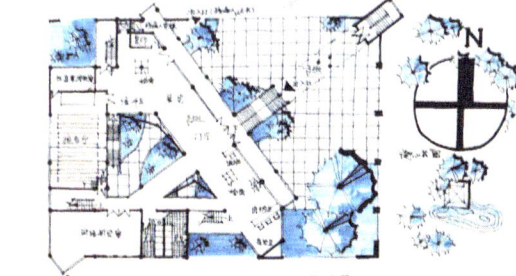

环境资讯中心设计

点植 建筑方动地

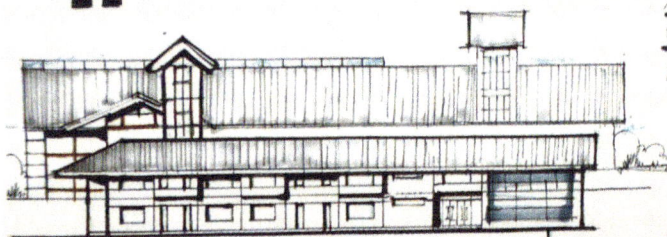

入口门厅透视

南立面图 1:200　首层平面图 1:200

总平面图 1:500

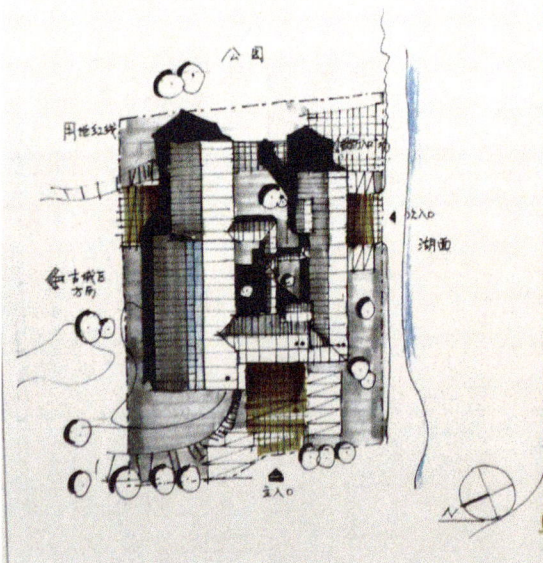

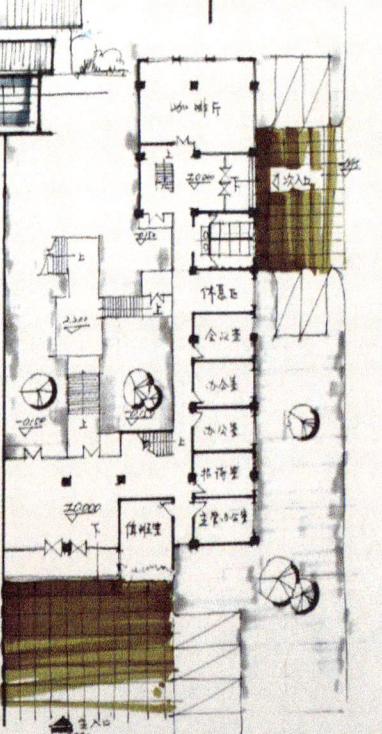

参 考 文 献

[1] 刘婕. 台基[M]. 北京：中国建筑工业出版社，2010.4.

[2] 章曲，李强. 中外建筑史[M]. 北京：北京理工大学出版社，2009.6.

[3] 田云庆，胡新辉，程雪松. 建筑设计基础[M]. 上海：上海人民美术出版社，2006.7.

[4] 刘淑婷. 中外建筑史[M]. 北京：中国建筑工业出版社，2010.9.

[5] 潘古西. 中国建筑史（第五版）[M]. 北京：中国建筑工业出版社，2004.1.

[6] 田学哲，郭逊. 建筑初步（第三版）[M]. 北京：中国建筑工业出版社，2011.6.

[7] 冯美宇. 建筑设计原理[M]. 武汉：武汉理工大学出版社，2008.2.

[8] 龚静，高卿. 建筑初步[M]. 北京：机械工业出版社，2010.1.

[9] 邢双军. 建筑设计原理[M]. 北京：机械工业出版社，2008.7.

[10] 李宏. 中外建筑史（第二版）[M]. 北京：中国建筑工业出版社，2011.1.

[11] 罗小未，蔡婉英. 中外建筑历史图说 [M]. 上海：同济大学出版社，2001.7.

[12] 杜沛然. 室内设计教程 [M]. 新疆：新疆人民出版社，2006.11.

[13] 吕峰，廉毅，阎英林. 艺术设计史 [M]. 辽宁：辽宁美术出版社，2007.6.

[14] 姚美康. 建筑设计基础 [M]. 北京：清华大学出版社，北京交通大学出版社，2007.1.

[15] 边颖. 建筑外立面设计（第二版）[M]. 北京：机械工业出版社，2012.8.

[16] 褚海峰，黄鸿放. 环境艺术模型制作[M]. 合肥：合肥工业大学出版社，2007.3.

[17] 黄信，张凌，曹喆. 建筑模型制作教程[M]. 武汉：华中科技大学出版社，2013.6.

[18] 郎世奇. 建筑模型设计与制作[M]. 北京：中国建筑工业出版社，2004.2.

[19] 洪惠群，杨安，邬月林. 建筑模型[M]. 北京：中国建筑工业出版社，2007.10.

[20] 彭军. 设计模型表达与应用[M]. 天津：天津大学出版社，2011.10.

[21] 李必瑜，魏宏杨. 建筑构造（上册）（第四版）[M]. 北京：中国建筑工业出版社，2008.11.

[22] 沈福煦. 中国建筑文化简史[M]. 上海：中华书局，上海古籍出版社，2010.3.

[23] 刘彦才，刘舸. 建筑美学构图原理[M]. 北京：中国建筑工业出版社，2011.6.

[24] 汤留泉. 炫丽商业店面装修设计系列. 餐饮娱乐[M]. 北京：中国电力出版社，2012.7.

[25] 汤留泉. 炫丽商业店面装修设计系列. 时尚科技[M]. 北京：中国电力出版社，2012.7.

[26] 王树京. 建筑技术概论[M]. 北京：中国建筑工业出版社，2008.10.

[27] 陈眼云，谢兆鉴，许典斌. 建筑结构选型[M]. 广州：华南理工大学出版社，2006.1.

[28] 浙江大学建筑系二年级教学组. 建筑设计进阶教程设计初步[M]. 北京：中国电力出版社，2011.1.

[29] 玄有福，于修国，崔香莲. 建筑设计基础[M]. 北京：北京理工大学出版社，2009.6.

[30] 周立军. 建筑设计基础[M]. 哈尔滨：哈尔滨工业大学出版社，2003.10.

[31] 王婷，刘冰. 建筑平面设计构思分析[J]. 中国储运，2012.8.

[32] 刘敦桢. 中国住宅概说[M]. 天津：百花文艺出版社，2004.1.

[33] 王小林. 高层建筑平面的形[J]. 新建筑，1988.3.

[34] 曾令行. 现代与传统的交融——柯里亚的博帕尔邦议会大厦谈起[J]. 黑龙江科技信息，2010.2.

[35] 陈冠宏，孙晓波. 建筑设计基础[M]. 北京：中国水利水电出版社，2013.6.

[36] 辛塞波. 建筑专业快题设计（第二版）[M]. 北京：中国水利水电出版社，2013.8.

[37] 张文忠. 公共建筑设计原理（第三版）[M]. 北京：中国建筑工业出版社，2005.8.

[38] 胡家宁等. 环境艺术设计制图[M]. 重庆：重庆大学出版社，2010.8.

[39] 傅祎，黄源. 建筑的开始小型建筑设计课程（第二版）[M]. 北京：中国建筑工业出版社，2011.6.

图书在版编目（CIP）数据

建筑设计初步 / 黄信，喻欣，罗雪主编. -- 北京：
人民邮电出版社，2015.5
普通高等教育艺术类"十二五"规划教材
ISBN 978-7-115-38749-3

Ⅰ. ①建… Ⅱ. ①黄… ②喻… ③罗… Ⅲ. ①建筑设
计-高等学校-教材 Ⅳ. ①TU2

中国版本图书馆CIP数据核字(2015)第084591号

内 容 提 要

　　"建筑设计初步"课程是高等艺术院校环境艺术设计专业开设的专业基础课。通过本课程的学习，读者可对建筑及其相关概念、发展历程、小型建筑方案设计方法等理论知识有一个系统的认识，并通过抄图训练达到实训目的，为后一阶段的专业课程学习奠定一个夯实的基础。

　　本书以理论与实践相结合为原则，力求体现环境艺术设计类教材的特点，集理论性、实用性、启发性、创造性于一体，深入浅出地讲解理论知识，使教材更加贴近读者的阅读习惯和学习特点，培养学生对建筑学习的兴趣。

　　本书可作为高等院校城市规划等专业的教材和参考书，同时还可作为相关专业的工程技术人员以及对建筑设计有兴趣的读者的参考读物。

◆ 主　　编　黄　信　喻　欣　罗　雪
　　副主编　赵　侠　戴　玥　张　洋
　　参　　编　张　凌　杨　柳　李道源
　　责任编辑　邹文波
　　执行编辑　吴　婷
　　责任印制　沈　蓉　彭志环
◆ 人民邮电出版社出版发行　　北京市丰台区成寿寺路 11 号
　　邮编　100164　电子邮件　315@ptpress.com.cn
　　网址　http://www.ptpress.com.cn
　　北京九州迅驰传媒文化有限公司印刷
◆ 开本：787×1092　1/16
　　印张：10　　　　　　　　　　2015 年 5 月第 1 版
　　字数：213 千字　　　　　　　2024 年 8 月北京第 10 次印刷

定价：49.00 元
读者服务热线：(010)81055256　印装质量热线：(010)81055316
反盗版热线：(010)81055315